U0495291

当心沙发里的屁股

改变命运的15种态度

[德]克里斯蒂安·毕绍夫 著 张雯婧 译

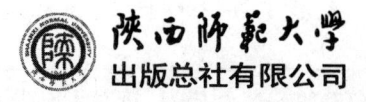

陕西师范大学
出版总社有限公司

图书代号 SK12N1107

图书在版编目(CIP)数据

当心沙发里的屁股：改变命运的 15 种态度／（德）毕绍夫著；张雯婧译. —西安：陕西师范大学出版总社有限公司，2013.1
ISBN 978-7-5613-6838-1

Ⅰ.①当… Ⅱ.①毕… ②张… Ⅲ.①成功心理—青年读物 Ⅳ.①B848.4-49

中国版本图书馆 CIP 数据核字(2012)第 262703 号

MACHEN SIE DEN POSITIVEN UNTERSCHIED
By Christian Bischoff
Copyright © 2010 Draksal Publishing, Leipzig. Germany.
Originally published in the Draksal Fachverlag GmbH.
Simplified Chinese edition copyright: Shaanxi Normal University General Publishing House Co. Ltd.
All right reserved.
版权登记号：25-2012-178

当心沙发里的屁股——改变命运的 15 种态度

著　　者 /	（德）克里斯蒂安·毕绍夫
译　　者 /	张雯婧
策划编辑 /	孙国玲
责任编辑 /	贾旭彪
助理编辑 /	胡　杨
责任校对 /	张　立
封面设计 /	田　丹　凯因设计
出版发行 /	陕西师范大学出版总社有限公司
社　　址 /	西安市长安南路 199 号（邮编 710062）
网　　址 /	http://www.snupg.com
印　　刷 /	陕西金德佳印务有限公司
开　　本 /	720mm×1020mm　1/16
印　　张 /	14.25
插　　页 /	2
字　　数 /	230 千
版　　次 /	2013 年 1 月第 1 版
印　　次 /	2013 年 1 月第 1 次印刷
书　　号 /	ISBN 978-7-5613-6838-1
定　　价 /	29.00 元

读者购书、书店添货或发现印刷装订问题，请与本社营销部联系、调换。
电话:(029)85307864　85303629　（传真）(029)85303879

给中国读者的信

亲爱的读者:

随着本书在中国出版,我的一个重要梦想得以实现:我想帮助全世界的人发现并充分发掘自己的潜力。中国正是在过去的几年中完成了使人印象深刻的经济发展,它让全世界清楚地看到这个国家的人们有能力创造多么伟大的成绩。这一切给我留下深刻的印象,我希望通过这本书能够为这种发展的持续做出重要贡献。

无论我们是工人、艺术家、工程师或者像我一样是一位动机教练,我们每个人都拥有能够积极影响自己以及周围人生活的才能。如果我们挥霍或者不去利用它,那受到伤害的不仅是我们自己,还包括我们生活的社会。

为了让这样的事情不会发生,我写了这本书。本书所传达的信息是:您自己决定您过怎样的生活;您每天设定新的目标;您打算通过自己的行动改善周围人以及您自己的生活。这个任务通常并不那么简单。但是,时刻清楚我们的目标并在受到打击后重新站起来是值得去做的事情。

因为生命只有一次!

在这层意义上,让我们做出积极的改变!

衷心感谢!

您的克里斯蒂安·毕绍夫

前　言

你无法教授别人什么，你只能帮助他从自身获得发现。

——伽利略·伽利莱

是的,没错!这本书中所讲的正是我们生活中最重要的个性话题:个人态度。生活中的一切都从一个人的态度开始。

本书的核心是改变自己。要做到改变自己,你首先要严酷地对待自己。把这本书作为你在镜中的成像,因为生活中的所有改变都开始于你自身,而绝非他人。为此你必须准备好坦然、真诚和严酷地去分析自我。恰好这也正是我的性格:坦然、直接、真诚且严酷。因为只有这样你才能进步。

此外,这本书的语言非常简单。为什么呢?生活中应该始终适用下面这条原则:像哲学家那样思考,像工人那样交谈。

这也就是说,全面、智慧地思考生活,简单地交流,以便让每个人都理解你的想法;如果我写的是一本在日常生活中不能给予你更多帮助的学术性书籍,你认为会怎么样?!

如果你想了解何为全面且智慧但却漫无主题的交谈(同时为了掩饰个人的无知),你大可与你的银行咨询师交谈一番……

大多数人常犯的错误是,他们想像哲学家那样交谈,但思考时却像个工人。

请保持批判的态度,阅读本书并得到你自己的生活哲学。因为重要的是,个人态度和由此产生的生活哲学是生活发展的决定性要素。

这本书写给所有受够了平庸生活"折磨"的人。是的,也许也正是写给像你这样的人的!当你说:"我可以做到的更多。我知道,我还有更多潜力。我想学习并改善自我!"那么请你阅读这本书!我们有二百多页的时间共处。请利用这段时间并思考我的想法。我们不必始终意见一致。但请你思考我说的话。因为你也只有这一次生命!人生短暂,我想要阻止的是:有朝一日当你到了弥留之际,才悔恨地回首过去并说道:

如果那些事我可以换个做法!

后悔是迟来的智慧。

——来自爱尔兰

后悔总是姗姗来迟。

——俗语

所以我很真诚。现在请你提出这个决定一切的问题:

生活中我究竟想要什么?

大多数人完全忘记了这个问题,因为他们在日常生活中扮演着不同的角色并受制地服务于我们的社会,在工作中(你是真的想干这份工作?),在婚姻中(人确实必须结婚还是也可以简单地坚守忠诚?)。为此你必须不断与这个地球上最重要的人打交道——这个人就是你自己。

分析一下你整天、整月和整年都在做什么并在做每件事时问问自己:

我真的想这样做吗?

如果答案是"是的",恭喜你,请继续做下去!

如果答案是"不",那我有一个问题问你:

为什么还去做,你是傻瓜吗?

你会委屈地回答:"因为我不得不做!"

我继续问:"是谁要求的?"

谁要求你做这份工作,每天必须表现这样的行为方式,在那个地方、那栋房子里生活,必须开那辆车,应该做运动或者不做并且必须吃那样的食物?……

是谁在要求?

是你自己吗?还是伴随着生活被父母、老师、朋友、媒体以及我们的社会所教化?

真实的答案是,你不必做任何事!

相反,你能够做任何事!

我是真诚并且直接的,因为我是你的朋友!是的,没错,我是你的朋友!

我受够了"礼貌废话"——那些用恭维去欺骗别人的话。每个人对对方说的都是他想听到的话,而不是他应该听到的。

只有彼此真诚相待,我们才能进步。真正的朋友对你讲的是你必须知道的话而不是你想听到的!本书即是如此,它所讲的是你必须听的。同时我们一同探讨真理。但真理有时会带来痛苦,你能承受这样的真理吗?

真理与坚信它的人数无关。

——保罗·克洛岱尔,法国诗人

真理是杯苦酒,酿造它的人很少得到感激,因为羸弱的胃部只能承受稀释后的真理。

——德国俗语

现在,我们不断陷入"富足的堕落"中。这对于我们自己和我们的社会都是危险的。

我们拥有获得成功所需要的一切:基础设施、知识、中小学和高校设施、进修机会、生活水平、技术和科学,能想到的应有尽有。

在德国一切都是现成的!第二次世界大战之后这里的重建令人难以置信!我敬佩那些在 1945 年后那几近荒芜的土地上创造这一切的人们。如今你和我能够生活在一个富足的国家!我们拥有一切!但是我们并没有利用它们去获得生活中的成功,相反却是拖着越来越肥硕的臀部不断地沉浸在完全舒适、自满和虚妄的懒惰中。

我们的生活一无所获,我们不再挑战自我的极限,而是宁愿接受别人的服务。这其中受苦的只会是我们自己,迟早我们的社会也会遭受痛苦。我们将一起为自己的闲散和懒惰付出代价。

我们必须重新更加严厉和批判地对待自己。人们通常不愿挑战自我的极限,不要求自己坚持。为什么要那么做呢?生活已经足够舒适。这也正是跌回平庸之地的预示。

然而如果坚持发掘潜力并尽最大的努力,久而久之我们会拥有幸福的生活。幸福在于:

知道自己已经做出个人的最佳成绩。因为每个人在内心都希望获得成长和改善。

在过去的 16 年里,作为竞技运动篮球运动员和教练,我从全世界数百个事例中一再深刻地证实一件事:人的成功或者失败,发展或者停滞,前进或者倒退,主要都取决于一件事——我们的个人态度!

许多人过高地评价天赋的重要性,而低估了个人态度的意义。

此时你可能认为:"不对,毕绍夫先生,天赋很重要!"你说的有一定道理,天赋是好的!

但它并不像许多人想的那么重要!

大多数人相信并不断说服他人认为天赋是最重要的,这样他们便可以为自己的失败找到一个借口。

没有人能够仅靠天赋获得成功。
天赋是上帝赋予的,但只有艰苦的付出才能将其塑造成天才。

——佚名

收起所有的借口,取而代之的是要问自己:我能够做到什么?如果我想要改变个人态度,我拥有哪些机会和可能?怎样能将我的生活变成自己一直希望的那样?

在篮球运动和生活中,遗憾的是,我目睹过许多运动员的失败,他们的确拥有一定的天赋,但缺乏正确的态度。同样,我也认识一些原本不被看好但如今却已征战欧洲联赛的运动员。

适用于体育运动的原则,同样也适用于我们的生活:个人态度是决定生活如何发展的关键要素!

> 个人态度是决定生活如何发展的关键要素。

只有彼此真诚相待，我们才能进步。真正的朋友对你讲的是你必须知道的话而不是你想听到的！本书即是如此，它所讲的是你必须听的。同时我们一同探讨真理。但真理有时会带来痛苦，你能承受这样的真理吗？

真理与坚信它的人数无关。

——保罗·克洛岱尔，法国诗人

真理是杯苦酒，酿造它的人很少得到感激，因为羸弱的胃部只能承受稀释后的真理。

——德国俗语

现在，我们不断陷入"富足的堕落"中。这对于我们自己和我们的社会都是危险的。

我们拥有获得成功所需要的一切：基础设施、知识、中小学和高校设施、进修机会、生活水平、技术和科学，能想到的应有尽有。

在德国一切都是现成的！第二次世界大战之后这里的重建令人难以置信！我敬佩那些在1945年后那几近荒芜的土地上创造这一切的人们。如今你和我能够生活在一个富足的国家！我们拥有一切！但是我们并没有利用它们去获得生活中的成功，相反却是拖着越来越肥硕的臀部不断地沉浸在完全舒适、自满和虚妄的懒惰中。

我们的生活一无所获，我们不再挑战自我的极限，而是宁愿接受别人的服务。这其中受苦的只会是我们自己，迟早我们的社会也会遭受痛苦。我们将一起为自己的闲散和懒惰付出代价。

我们必须重新更加严厉和批判地对待自己。人们通常不愿挑战自我的极限，不要求自己坚持。为什么要那么做呢？生活已经足够舒适。这也正是跌回平庸之地的预示。

然而如果坚持发掘潜力并尽最大的努力，久而久之我们会拥有幸福的生活。幸福在于：

知道自己已经做出个人的最佳成绩。因为每个人在内心都希望获得成长和改善。

在过去的16年里，作为竞技运动篮球运动员和教练，我从全世界数百个事例中一再深刻地证实一件事:人的成功或者失败,发展或者停滞,前进或者倒退,主要都取决于一件事——我们的个人态度!

许多人过高地评价天赋的重要性,而低估了个人态度的意义。

此时你可能认为:"不对,毕绍夫先生,天赋很重要!"你说的有一定道理,天赋是好的!

但它并不像许多人想的那么重要!

大多数人相信并不断说服他人认为天赋是最重要的,这样他们便可以为自己的失败找到一个借口。

没有人能够仅靠天赋获得成功。

天赋是上帝赋予的,但只有艰苦的付出才能将其塑造成天才。

——佚名

收起所有的借口,取而代之的是要问自己:我能够做到什么?如果我想要改变个人态度,我拥有哪些机会和可能?怎样能将我的生活变成自己一直希望的那样?

在篮球运动和生活中,遗憾的是,我目睹过许多运动员的失败,他们的确拥有一定的天赋,但缺乏正确的态度。同样,我也认识一些原本不被看好但如今却已征战欧洲联赛的运动员。

适用于体育运动的原则,同样也适用于我们的生活:个人态度是决定生活如何发展的关键要素!

> 个人态度是决定生活如何发展的关键要素。

目 录
Contents

在开始阅读之前/1

改变一切的一天/2

你的态度决定一切/4

成功其实很简单/28

15 种态度

NO.1　百分之百地负起责任/31

* 成功的人永远不是在借口中取得成功。

* 不要抱怨,而是要制订计划。

* 别再关心你不能影响的事情,专注于生活中你能够控制的事情。

NO.2　没有自律不可能成功/44

* 生活中的许多事不需要天赋,需要的只是决定和自律。两者都存在于你态度的力量中。

* 不要低估你生活中的自律能够取得的一切。不要低估其他人通过自律能够实现的。

* "纪律就是一切!"

NO.3　没有工作重点,时间就会像沙子一样从手中流走/60

* 压力只来源于一个事实:你知道自己必须做什么但做了其他事。
* 关键的是重点,而不是时间管理。
* 决定性的不是你工作多少小时,而是你每小时的工作有怎样的效率。

NO.4　不要无所事事:发现个人目标中的力量/71

* "没有目标的人不要为到达另一个地方感到惊讶。"
* "许多人高估了他们一年内能取得的,又低估了他们10年内能取得的。"
* "不清楚目标的人,不会找到道路,而只会终生在圈子里打转。"
* 有明确的目标并且不放弃的人,即便行动最慢,也总是比那些没有目标到处奔走的人速度更快。

NO.5　做出最大努力/89

* 没有人必须一开始就认识通往目标的准确道路。如果你开始行动,那随着时间道路自然会出现。
* 知识不是力量。成功只存在于对知识的运用和实践中,只有那时知识才会变成力量。
* 当你行动并改变事情时,事情才会发生变化。

NO.6　灵活机动是21世纪成功因素之一/103

* 改变的准备是我们的时代所必需的。
* 放下你的恐惧,参与改变,尝试新的事物。随着成功的经历,你的自信和把握会增加:如果我完成了这件事,那我也能做到下一件。
* 不要做蠢事,不要在生活中做铤而走险的改变,如果这会拿你和你家人的生存冒险的话。

目 录
Contents

在开始阅读之前/1

改变一切的一天/2

你的态度决定一切/4

成功其实很简单/28

15 种态度

NO.1　百分之百地负起责任/31

* 成功的人永远不是在借口中取得成功。
* 不要抱怨，而是要制订计划。
* 别再关心你不能影响的事情，专注于生活中你能够控制的事情。

NO.2　没有自律不可能成功/44

* 生活中的许多事不需要天赋，需要的只是决定和自律。两者都存在于你态度的力量中。
* 不要低估你生活中的自律能够取得的一切。不要低估其他人通过自律能够实现的。
* "纪律就是一切！"

NO.3　没有工作重点,时间就会像沙子一样从手中流走/60

* 压力只来源于一个事实:你知道自己必须做什么但做了其他事。
* 关键的是重点,而不是时间管理。
* 决定性的不是你工作多少小时,而是你每小时的工作有怎样的效率。

NO.4　不要无所事事:发现个人目标中的力量/71

* "没有目标的人不要为到达另一个地方感到惊讶。"
* "许多人高估了他们一年内能取得的,又低估了他们10年内能取得的。"
* "不清楚目标的人,不会找到道路,而只会终生在圈子里打转。"
* 有明确的目标并且不放弃的人,即便行动最慢,也总是比那些没有目标到处奔走的人速度更快。

NO.5　做出最大努力/89

* 没有人必须一开始就认识通往目标的准确道路。如果你开始行动,那随着时间道路自然会出现。
* 知识不是力量。成功只存在于对知识的运用和实践中,只有那时知识才会变成力量。
* 当你行动并改变事情时,事情才会发生变化。

NO.6　灵活机动是21世纪成功因素之一/103

* 改变的准备是我们的时代所必需的。
* 放下你的恐惧,参与改变,尝试新的事物。随着成功的经历,你的自信和把握会增加:如果我完成了这件事,那我也能做到下一件。
* 不要做蠢事,不要在生活中做铤而走险的改变,如果这会拿你和你家人的生存冒险的话。

NO.7　学习还是死亡/110

* "过于骄傲而不想成为学徒的人也没有成为大师的价值。"
* 谁真正为你的未来负责？是你！只有你！

NO.8　你工作的唯一理由：为别人服务/121

* 请提供承诺的服务，以承诺的质量，在承诺的时间内。
* 推荐仍然是赢得新顾客最好、最简单和最有效的可能。

NO.9　对你所做的事情要抱有兴趣/133

* 对所做的事抱有兴趣的人，会服务好别人并做好自己的工作。这样他们自然会取得成功。
* 如果你停止工作去寻找乐趣并还只感到沮丧，那是对时间最大的浪费。

NO.10　顽强和坚持——成功要靠艰苦的工作/144

* 为了在你选择的某件事上做出改善并取得成功，那你要计划10年时间，如果你是从零开始。
* 顽强和坚持是坚固的成功保障。
* 偶尔你必须改变路线——在道路把你带到死胡同之前做出改变。
* 只有在阻碍前才能显示你有多顽强。

NO.11　有问题就问/151

* 如果你需要什么，那就请你对此提问。
* 你提出的问题的质量决定你的生活质量。

NO.12　正确对待自己和别人/156

* 在关系你自己的生活时要完全以自我为中心。
* 独立的人具有吸引力。
* 强迫自己远离你不想与之有任何关系的人。

NO.13　爱护身体/178

* 许多人用最愚蠢的方式对待自己最重要的财富。
* 黄金原则：每天吃足够保持运动能力的食物，但不要超量。
* 生活中所有事都是一个潜移默化的过程。10年后你会到达某个地方。最关键的问题是：哪里？

NO.14　找出自己的特长/191

* 不要为别人的梦想生活——拥有你自己的梦想并为之生活！
* 追随你的心。
* 如果你找到了自己的特长，那你就不需要担心对手。

NO.15　言出必行/201

* 当你说出要做什么，那你就要去做，以最好的知识、良知，并要做到尽可能好！
* 停止说别人的坏话。
* 永远不要拿你的正直冒险。

结束语　做出积极的改变/212

* 有一天回首往事时，能够说：这是值得并且有价值的一生。我充分发掘和利用了我的潜力和可能性。

在开始阅读之前

首先介绍一些基本的要点：

生活是简单的！我赞同用两个词来形容生活：实际的和简单的！

如今我们没有必要使一切变得复杂。在死板教条的办公中，复杂、烦琐的事情等着我们去做，我们是没有必要将凡事都困难化的冠军！

我痛恨这样！生活是简单的。你的生活方式是简单的。成功是简单的。在如今的社会中只是需要一个人时刻提醒我们，获得成功是多么简单。这正是这本书的意义和目的。

现在让我们开始吧。我始终坚信两件事情：

1. 每个人都要百分之百地对生活负起责任。
2. 我们生活在世上的意义是为别人服务。

我相信我所写下的一切。我确定自己在具体实施中并不完美，像所有的人一样，我只能尝试尽我最大的努力。

我要声明几件事情：

我没有发明任何新的东西。我也根本不想那样。这本书是我从15年多的职业体育经历和阅读过的一千多本书中总结得来的。

请不要仅阅读本书一遍，要经常阅读它。每次也不要阅读太多。最好是每次只读一章，然后问自己，如何能把内容实施到日常生活中。

请在对你尤其重要的内容旁边做笔记和标注。读完这本书后，请静下心再次阅读你的笔记和标注，那是改变你生活的潜力所在。

如果你喜欢这本书，希望你会在 amazon.de 上写下积极的评论。我在此对你表示感谢。

如果你并不喜欢本书，我也同样感谢你的留言和改进意见。像所有人一样，我乐于接受能够使我做到尽善尽美的帮助和建议。

请鼓起勇气并与我联系吧。

先这样。祝开卷有益！

改变一切的一天

生活中会存在某个瞬间,在那之后一切变得不一样了。我作为篮球教练的事业就是以这样的一天开始的。那时我才20岁,对生活、对个性发展根本还一无所知。

那年夏天,我的一位很好的教练同事打电话来。他叫弗洛里安·克勒佩林,来自慕尼黑附近的达豪。他在电话中对我说:

"克里斯蒂安,你得来我的篮球训练营做教练。我从美国邀请了一位教练。你一定要来认识一下他,他是个非常特别的人。"

当时我接受了他的邀请,但这事并没给我留下什么特别印象。当时自认为自己已是通晓万事的人,年轻的我在训练营开始前五天回绝了那位教练同事。当时我还不知道,自己错过了什么……

恰好一年之后,弗洛里安·克勒佩林再次打电话给我:"我又一次举办训练营,也再次邀请了那位教练。你一定要来,你如此坚定地想做一名教练,这对于你的教练生涯会有很大收获的。"

他的这番话引起我的思考。我们都知道每个人在潜在思想里都会为自己考虑。当一位教练同事先后两年邀请我去做"一些特别的事情",那一定是与众不同的!我又一次接受邀请并决定这次一定要过去。

训练营13点钟准时开始,首先进行的是全体教练的准备会议。然而我却因为高速路上的堵车而迟到了!

当我挤进教练会议室时,整个屋子已座无虚席。我有些惊讶,静静坐到最后一排。这时刚好在介绍那位美国教练——罗恩·斯莱梅克博士。

随后他开始讲话。他刚一开口,我心里就涌上一种难以描述的感觉:我立刻明白,前面坐着的是一个非常特别的人,一个我还从未亲自接触过的人。

他的每句话表现出知识、智慧和能力,而同时还带有一种亲切、关怀和仁爱。我立刻明白:这次的训练营会是我的一次特别经历。

在那一周,罗恩·斯莱梅克博士成为我的朋友和导师。如今他已72岁,在执教45年后被评为故乡的荣誉市民并入选堪萨斯州篮球名人馆。每年夏天他会来到巴姆贝克篮球夏季训练营组织训练。

在达豪的那个训练周期间,他送给我一本超级棒的书,其中都是格言、引言、人生哲理和关于篮球的知识。这些是他在执教期间收集和记下来的。这本书中有个故事,就在读到它的那一瞬间,我的思维方式、个人追求以及我的生活发生了改变。

雄鹰和贝类,你想要哪种生活?

一天,上帝创造了贝类。上帝赋予了它们活动范围,把它们置于海底。在那里,贝类过着安全但却单调的生活:它们每天张开贝壳,让海水流过,再合上贝壳。这样的生活很安全,然而又很快变得无聊且单调。对于贝类整日除此别无他事:张开贝壳,合上贝壳,张开,合上,张开,合上……

第二天,上帝创造了雄鹰。上帝赋予它能够带它到处翱翔的翅膀。这样,雄鹰便能够征服整个世界,它的翅膀带它去任何地方。但是雄鹰必须为这种无边无际的自由付出代价:为了不挨饿,它必须每天去狩猎。它还必须抚养自己的幼鸟,这尤其具有挑战性。然而雄鹰愿意将此作为它拥有的无限自由的回报。

最后,上帝创造了人类。上帝赋予他双手,将他带到贝类那里,然后又带到雄鹰面前。之后上帝凝视着他的双眼问道:"现在由你决定吧,你想要哪种生活。"

——古印度创世故事

我的一切由这个故事开始……因为从那时起,我知道了我一直想做一只雄鹰!

你的态度决定一切

"什么？你认为我的态度不够好？"

我不清楚。但是也许你每天都会犯数千个基本的错误，却不批判地追问自己的行为。如果你和大多数人一样，那么你已经很久不批判地问自己每天所做和所想是否是对的。

我们之中的大多数人在走出校门的那一日会满心喜悦地跳跃和欢呼：

"终于结束了！不用再学习了！"

哎！这时你已经开始犯下你生活中第一个也是最基本的错，因为在走出校门之后，重要的学习才真正开始。

然而在生活真正开始之前，你的态度已为你在心中重重地画下了一笔。因此你忽视了最重要的生活原则：不生长，则死去！

你认识的哪棵树不是每年都在生长？我不认识不长的树。树木每年都长出新的枝条和叶片。树木如果不再生长，那它将死去。

对于我们人类亦是如此：如果我们不通过学习自我成长，那我们即将死亡！不是肉体上，而是精神、灵魂和智力上。你的潜力逐日荒废，因为你不要求它成长。

请允许我来定义"态度"一词：

态度＝你如何对待某种环境或者对其做出的反应。

这就是"态度"的定义。你的态度是你生活中决定一切的要素。这是本书中你可以读到的唯一一条出自我个人的引言，这也是我十分赞同的一句话：

我的个人态度是我生活发展的决定性要素。

——克里斯蒂安·毕绍夫

你的态度是你生活中决定一切的要素！你的态度体现了你对待事物或者做出反应的方式和方法！

从始到终生活只有两个范围：

能够控制的和无法控制的。

仅此而已！

按照这样的划分,生活变得相当简单:

为什么要去为那些你无法控制的事情担忧?请不要为之付出精力。

取而代之,你要清楚地认识以下问题:

无须为生活发愁,因为你能够控制的一切都掌握在你的手中。为什么还要担忧?

由你来决定,是否去改变那些可控制和影响的事情!

相反,如果你不选择这么做,那么就必须接受相应的后果。请停止抱怨,不要把消极的影响带给同事,不要将不满传染给他们。因为如何对待环境把握在你自己的手中!那就是你的态度!

这是你的并且只是你的选择

人为什么会为自己能控制的事情担忧?

原因很简单:或者因为懦弱,或者是害怕改变。以警惕著称的我们德国人过于谨小慎微!这在如今的财政危机中再次表现出来。这时人们只能说:对什么事都感到恐慌的人,就已经几乎无法生活!

生活的第二个范围:无法控制的事情。对此你更无须担心,因为无论如何你都不能影响它。

举个简单的例子:高油价。你能决定明天加油站的油价吗?如果你不是亚拉或者壳牌的老总,那么很遗憾你不能改变它。

那么请停止担忧!事情该怎样,就怎样!

不久前我坐在电视机前,不得不同情地摇头:

一家公立电视台再次报道上涨的油价。为了在观众中造成耸人听闻的事件,带来客厅里"观众点头,认为有道理,一切都如此不公平"的气氛,记者在加油站采访了几位无知的顾客并将麦克风递到他们下巴前询问他们对油价的看法。一个男人气愤地摇下车窗,对于上涨的油价他回答记者道:

"这真是太让人气愤了。现在我决定不再加油,我要等!"

同时他摆出了一副抗议的神情。

我一方面为这位司机的处境而同情他,另一方面不得不摇头。这个可怜的男人貌似在发表看法时忘记了考虑这点:几日后,如果他的油箱空掉了,而他必须加满油驾车从 A 地到 B 地,那时油价将会是多少?

你不能控制和影响油价,那么就不要为之担忧!决定性的问题也不是石油公司是否在欺诈我们,尽管有时我自己也在思考这个问题。

事实是,地球上的能源储备日近枯竭,我们必须寻找替代能源,或者继续支付不断上涨的油价。你只有这两个选择。在加油站抗议和抱怨都是浪费时间。

改变不好的境况，行动要好于抱怨。
——俗语
差点被饿死的正是抱怨最多的人。
——艾哈德·布兰克

我曾思考过，坐在车里的那个男人是否想过怎么能多赚些钱来支付上涨的油价，而不是抱怨。

那样的话他就必须承担起自己的责任。这太疲惫了！那样我还要这一直以来不断养肥我的臀部的"国家"做什么？

影响高油价的正确态度是问自己怎样能每月多赚出100元来。

开始改变态度并提出这样的新问题的，迟早会找到答案（解决问题）！

> 别再关心你不能影响的事情！专注于生活中你能够控制的事情！

许多人看起来没有考虑这个关键的基本原则，那还会惊讶于有这么多人对生活感到不满意吗？

这里我来举一个大家日常生活中都经历过的经典例子：那些抱怨天气的人！你认识这样的人吗？在路上你遇到某人并问候他："你好吗？"（这就是个毫无意义的问题，因为提问人99%对答案都不感兴趣）

被问的人回答："是的，相当好，如果天气不这么冷（湿、讨厌、可恶、不舒服）就好了！"

随后那种有故事片性质的抱怨就开始了。你熟悉吧？一定熟悉！

这些总是关心他们无法影响的事情的人很少取得成功。

我学会了天气对我可以完全不造成影响。如果下雨，那就下吧；如果下雪，那就下吧；如果太阳出来了，那我会为此高兴。但是我会不让我的心情依赖天气。那样的话我该多么的愚蠢。如果你不喜欢德国的天气，那么你可以移居到国外，搬到你中意的天气那里去！如果你不选择那么做，那就接受你不能够改变的事实，并把宝贵的精力投入到你能影响的事情中。

我们需要有行动能力的人。如果抱怨也是一份工作，那就没有失业者了。
——莱娜·梅切斯勒

回到我们的定义：

态度＝你如何对待某种环境或者对其做出的反应。

也许你现在想："如果某人做的是一件错误的事，那最好的态度也无济于事。这样的话，生活始终一团混乱！这与态度的好坏无关，而是缺乏知识！"

你想的没错！这再次证实了最初描述的典型的态度错误：

走出了校门就认为"从现在起不学习了"的态度。

带着典型的错误你不会收获生活的学问，那原本是人生哲学的发展基础，有了这个基础你才能收获成功。

那这又是谁的错？是你自己的！

> 你并且只有你对你此时的生活和今后的发展负责！

请相信，我们的教育体制亟待改善。

我来告诉你学校教育带给了我什么。

19岁时，我在读了13年书之后告别了德国的教育体系——我手上拿着高级文理中学毕业证书和十足的信心，我相信我是一个高智商人才。

> 学校和一块骨头之间的区别是什么？ 答案是：骨头是给狗的，学校是给猫的。
>
> ——德国流行语
>
> 学校好比牛舍，人们从一堆牛粪移到另一堆。
>
> ——德国俗语

直至今日，老师和教育家仍是我嗤之以鼻的对象。我提醒过你，这本书的一些部分具有挑衅性。如果你不能承受，那请你将书放下。

如今我知道在学校里我没有学到生活中最必要的东西：

1. 没有人教过我如何指定目标，如何规划生活，如何自己决定在生活中要做什么和取得什么，怎么去学。大多数老师自己都还不会这些。

2. 我也没有学到关于到底如何正确与人交往的知识。

3. 我不能自信地在少数人面前讲话，更不用说去做一个演讲。

4. 我对正确的生活一无所知。

5. 我不知道怎样保持身体健康和充满活力，怎样正确地饮食。你还为我们的人民都如此肥胖感到惊讶吗？因为大家都没有给下一代健康的膳食！

6. 我不知道自己该从事什么工作并跑到劳工局，希望在那里找到答案。所有高级文理中学毕业生都认为，生活应该遵循理论上演，我也是那其中的一员。在德国,高级文理中学中几乎没有实践。

7. 我也不知道该怎样进行自我介绍。

…………

相比之下，我熟悉所有数学运算公式，所有物理原理，所有法语概念，所有生物、地理、历史和音乐知识，那些为了获得毕业证而必需的一切东西。然而毕业之后我需要的却是生活中最必要的那些东西！

学校教育？ 是为生活中一切存在着但却无法实践的事做准备。

——泰特斯·伦恩

学校教育与生活的区别是生活在乎的是最终结果而不是解题的过程。

——伊加·波尔

现在,请不要误解我：

我并不是说学校教育不重要！对于所有孩子和年轻人，学校教育是重要的，是你们生活的关键基石。

我要说的是,我们的教育体制对于现实的生活已经完全过时！

我为什么要说这些？为了提出这个决定性的问题：

你或者我能够改变教育体制吗？

不能！

但我们可以改变我们自己！

我们可以选择通过生活经历、好奇心、对新事物的坦诚心态、灵活性、求知欲、书籍、研讨会、有声读物、交谈、导师、榜样等等方式去获得关于成功、自我定义和满足生活的知识，并把这些知识付诸实践。

> 一切很简单！但要如何开始呢？从你的个人态度！

是的,没错,从你的态度开始！学校教育并不是决定性的,决定的因素是你！只有你！你来决定想继续学习还是不想。有一天,我决定由我自己来负责学习和收获生活中最重要的东西。

如果现在你说"毕绍夫先生,对这七个问题中的某一个我还没有答案",那我很愿意帮助你。因为我想要帮助你改善自己。对这七个问题的无知,有朝一日换回的将是一记重重的耳光。

人生的课堂不允许旷课。
——德国俗语

这里有一些简单的建议,会帮助你在回答这七个问题上迈出巨大的第一步:
1. 请阅读安东尼·罗宾斯的书。他是标准。所有其他人都是他的学生。
2. 请阅读戴尔·卡耐基的《如何赢得朋友》。读过之后你将对这个话题不再有疑问。
3. 请锻炼自己!消除恐惧并经常这样做,直至它能给你带来乐趣!

克里斯蒂安,如果你想快速成功,那就消除你最大的恐惧和怀疑。

注:这是我的72岁的良师益友罗恩·斯莱梅克博士在巴姆贝克博泽篮球夏季训练营期间与我的一次单独交谈中所讲。

4. 随着时间,通过积极行动获得知识!抱歉,这没有捷径!

经验无法教授!
——迈克·沙舍夫斯基,杜克大学篮球主教练

5. 你不这么做?那请问:"我的优势是什么?我有什么喜好?"接着寻找和发现怎样从你的答案中找出未来工作和职业的方法。(注意:这个办法是坎坷、困难、艰苦的!)
6. 求助于你在《如何赢得朋友》中学到的。另外和朋友练习。那是实践,是你从书中学不到的。

很简单,是吗?

可惜并不简单。

你认为有多少我的读者在发现自己需要行动时会真正实施这七点中的一点?很少!

为什么呢?因为他们和他们肥硕的臀部宁愿慵懒地蜷在沙发上,那样更加简单、舒适,没有丝毫压力,我的朋友!

一次,我要求印刷厂将我的一本书印4000册。可惜印刷厂犯了一个错误:那本书有215页,其中漏印了188和189两页。一天我收到一位学生的邮件,他发现了这个错误,同时想重新得到一本新书。

没问题!

我走入地下室发现那4000本书仅剩下大约250本。

由此我们得出怎样的结论?

许多人买书,却没认真地阅读它。我把这称作安慰内心,愚弄自己。

学习成绩不好?

你在学校没有通过考试?不要担心。

你没有高级文理中学毕业证,而是就读于实用或者普通中学?没什么糟糕的。

你在上学时候是班级成绩最差的学生?即便这样也不必成为你迟疑的原因。

也许下面这个例子能够激励你:我一个最好的朋友,赫尔曼·欧博施耐德,他读的是普通中学并以平均分仅为3.3分的成绩毕业。在学校他的成绩从未好过,但是他的态度无比坚定。他创立了他的第一家滑雪竞技运动公司。如今奥地利最享有盛名的滑雪学校就是他的,即卡普鲁SkiDome学校。

然而这只是故事的开始。几年前赫尔曼·欧博施耐德买下了MBT公司(瑞士马塞族赤脚科技公司),主要生产拥有健康的脚底接触的鞋子。你知道这种鞋吗?如果你还不知道,那么在未来几年你一定会了解它。

如今他是MBT公司的所有者,公司总价约5亿美元。

不久前赫尔曼简单地向我解释了他所认为的成功是什么:

"成功就是'你想要或者不想要'这个问题的答案。如果你有意愿,那你会相对较快地学习到很多东西!如果没有,你则荒度自己的整个一生!今天没人想这样过一生!每个人都想有份工作,使自己有意义并且赚很多钱。每个人都想作为什么,没人想要变为什么!人们缺少的是正确的态度!"

这就是成功!请再读一遍!

停!

请真诚地对待我。我请求你:

请再读一遍这段引言!

谢谢!

你的意愿和态度会得到回报!一切还是只从你自身出发!

失败的三个根本原因

首先我要告诉你,为什么有些人不成功。原因一点都不复杂,相反是相当简单的。激励教练拉里·温格特说过,健康的人没有获得成功的根本原因只有三点:

他们或者愚蠢，
或者懒惰，
抑或是他们漠不关心的态度。
这就是原因。只有这三个原因，没有其他的了！

> 失败的三个根本原因：愚蠢，懒惰，抑或是你漠不关心的态度！

我在一些演讲中针对这点提出过问题：
"现在，有谁认为自己是愚蠢的？"
过了几秒钟我继续说：
"认为不是的请不要举手！"
不论你是否相信，多数时候有人举起手！
接着我总是回应道："总是有一些中招了的听众。"大家都笑了起来。
我在心里想：多么悲哀的世界！往往首先认为自己愚蠢的人总是我们自己，其实它只不过是一种借口。
我不相信健康的人真的是愚蠢的。每个人内在都有获得知识的能力，而知识是获得正确的态度所必需的。
每个运动员都清楚地知道为了取得冠军，自己每天要集中且专注地训练。
你们大家都清楚为了获得更多你要做什么。
大多数时候我们知道为了更加成功我们必须做什么。
你知道你应该少吃，为了达到理想的体重。
你知道你不该吸烟，因为吸烟有害健康。
你知道你该多运动。
你知道你该友好、坦诚地对待顾客。
你知道你每天能做得更多。
你知道你早该与亲戚和好友多多联系。
为了获得成功，你内心已经了解很多。
现在你也许在想：
"大多数人不知道，为了获得成功，他们必须了解什么。"
愚蠢的想法！每个人至少知道一件他能够立刻去做的事情，进而会改善自己，使自己更成功、更健康、更有活力。
如果你问问路上的行人，每个人都会给你一个答案。这个人只需要去做这件事。如果他做了这件,就会很快发现另一件能够改善他的事情。

我们假设你的想法是对的,确实存在不知道必须改变什么的人。这又是谁的错呢?是他们自己的!因为,如今全世界乃至全人类的一切知识距离你也只有几秒之遥。你只需打开电脑,登录网络去谷歌一下你需要的知识。不到两秒钟你的电脑就会给出上万个答案。

> 如果你真的愚蠢,对一切一无所知,那这就是你的错!

如今人人可以上网。如果家里没有网络,那我们只需要到网吧。所有需要的信息都能够通过你的指尖敲打键盘来获得。或者你可以借助研讨会、书籍和有声读物。

这时也许有人要反驳:"这些东西都太贵。我支付不起。"

恭喜你说出最愚蠢的借口之一!

请不要犯这样的错误!让我们一同来想想这个例子:

一本包含知识并教你如何在生活中某个期望的领域做出积极改变的好书价值多少钱?最多24.95欧元。这不是很大一笔钱,比麦当劳的5个巨无霸套餐便宜,等于12瓶可乐或者5包香烟。这三样东西都腐蚀我们的身体,长期且持续地损害我们的健康。香烟是成瘾的毒品,可乐是糖分可卡因,而不健康的麦当劳食物更是毒药。尽管如此,许多人宁愿把25欧元花在"毒品"上,也不愿把这笔钱投入在一本好书上。

你看,这都是表面问题。决定性的问题只是:

你想不想读那本书?

如果想,那么你就会有这笔钱,因为你会从其他地方把它省出来!

可用的知识不是问题所在!关键在于实施。

多年来社会中流行这样一句话,我认为它是最危险的幻想和巨大的谎言。

如果你也听过这句话,那请你重重地点头:

知识就是力量!

你听到过这句话?

它就是一个谎言!

知识不是力量!

你可能拥有世界上全部的知识,但它无法带你前进。成功在于你对知识的运用和实施!这样知识才成为力量。你只知道一件事并且能真正地运用它,要好于你是一本百变的百科辞典但却从来没有行动过。

知识只在有时候是力量。关键的不是你知道什么,而是你会做什么。

这两句话应该在每所学校由每位老师反反复复地灌输给每个年轻人，直到他再听不见为止，因为这些话对于他已经是左耳进右耳出了。然后这个信息在某一刻进入小脑，我们便将它融入生活。成年人也应该把它挂在某处，以便每天能够看到：

个人的成功就是：行动！做！实干！管住嘴，活动起屁股！就这样决定了！

大多数人都不愚蠢。失败又会在哪里呢？

是你太懒惰。

问题是：你懒惰。下面这句话在我们大多数人身上都有效（包括我）：

我们每天能做得更多！

那又为什么说我们是懒惰的？因为我们不再有意愿，就像我的朋友赫尔曼·欧博施耐德已经正确指出的。

让我们停止自欺欺人，让我们真诚一些。

我们很快会说"某事我会做"！

大多数时候这只是一句谎话和借口。关键的问题不是我们是否会做某事，而是我们是否愿意学习它。

很多时候我们不愿意。

许多失业者说："我找不到新的工作。"

真是那样吗？关键的问题是：你想找到新工作还是不想？大多数人坚决不想，因为他们太懒惰。只要有意愿，就能做到。有志者事竟成。

在参加安东尼·罗宾斯的研讨会时，我明白了下面的问题：

如果你生活中的目标没有实现，这时有人问你："为什么你没有实现这个目标？"你的理由是什么？

经常是下面的话：

"我没有时间。"

"我没有钱。"

"我没有知识。"

"我没有合适的上司/合适的同事。"

"那太困难了。"

"我没有合适的人脉。"

……

所有这些答案的共同点是什么？

你在用借口和抱怨,因为你表面上在强调自己没有获得恰当的辅助。

也许你说的有道理,你没有钱、时间或者合适的人脉来实现目标。但是这都不是关键的理由。最核心的原因从不是所缺乏的辅助。最关键的原因始终是你缺乏意志力。

你的意志力体现在这些词语当中:

耐心。

热情。

详细的行动方案。

毅力和坚持。

仁爱。

具体的目标。

坚决。

好奇心。

持续下来你的意志力可以弥补你缺乏的辅助。可以的,因为那需要个人的投入。

回到我们所说的失业者。在生活中我还没有遇到过哪个健康人,坚定且内心准备充分地想要找到一份新工作,但最后没有实现的。

许多超重的人说:"我没办法减肥。"

大多数人真实的想法是:我不想减肥。请不要再跟我讲你的甲状腺问题。超重人群中只有1%能够将他们的超重真正归咎于疾病或者身体上的机能障碍。其余的人都是过于懒惰,运动少,吃得多。

这是真实的答案:

> 问题永远不是:你能否改变你自己或者生活中的某事?你当然可以!决定一切的问题是:你是否想在生活中做出改变?

大多数人不愿改变。多数人没准备好投入时间、付出努力、激发改变的准备和发展的勇气。他们需要这份勇气来做出改变、成长和改善自己,并进而改善他们的生活。

在篮球运动中,大多数运动员没准备好去投入时间、训练强度和参与。而这些正是他们发掘自己全部潜力并完善自我所需要的。我见过许多被视为"德国最富有天赋之一"的18岁的青年,球迷、俱乐部经理和教练用广告簇拥着他们,这导致他们坚信自己已然成了大人物。

许多年轻的运动员没有意识到代理商和教练中意的是他们的潜力,而不是他们的能力。要将这种潜力转化为能力,还需要以正确的训练态度进行更多艰苦的训练。

大多数人认为他们已经达到了自己的目标并且不再像原本那样磨炼自己。因为一些球迷、朋友和经理不断告诉他们，他们有多么棒。这样三年过后将不再有顶级俱乐部对他们感兴趣。能力不会永远都在，但潜力是可以挖掘的，只是岁月不饶人。小汉斯学不会的，汉斯也永远学不会。

适用于篮球的这一原则适合其他任何一种运动，也同样适用于企业和你的生活。到处都存在因为没有正确态度而没有充分发掘潜力的人。

如今在许多团队比赛运动中针对外援调整存在激烈的争论。在德国职业联赛中允许多少外援参加？不久前我在一份知名日报中读到一个对保罗·布莱特纳关于这一话题的采访。很遗憾我不能提供这篇文章的准确出处。

保罗·布莱特纳是为数不多的偶尔说出令人不舒服的事实的人之一。

他对关于德国职业足球联赛中是否应该采取外援限制的问题的回答是：

"问题并不是外援人数，而是我们德国的所谓的天才球员不能够与他们抗衡！因此才显得外援不需要费力对抗，他们心情好得不得了！"

事实正是这样！问题不是那些外援，而是错误的态度。在篮球中也是如此。同样在自由经济中，如果我们没准备好以一种健康的劳动雇用来面对竞争，当今后的几年中国人把我们挤下去时，我们还将惊讶这是如何发生的。中国人会在仔细参观了一家企业的内部，并学会了生产过程后，回到国内，以更低廉的成本生产质量更好的同类产品。

如果你想获得成功，那就去寻找能够展示你想取得的成功之人，去模仿他，那么你将获得同样的成功。

——安东尼·罗宾斯

我们根本不想讨论这合不合法，原则上原版要好于复制品这点也完全清楚。

另一方面，这也是事实：我们德国人在新发明的专利申请上总是世界领先的，但实施并将它转变为金钱却多数是在国外。

我们成了被动观众的民族，一个宁愿观察别人工作也不要自己动手操作的民族。坐在沙发上看别人比赛要比自己参赛更容易和舒适，不是么？

大多数人宁愿整周整周地观看电视中全部的欧洲足球联赛，而不愿意活动自己的屁股去踢场足球。我们宁可看着杂耍般的《超级保姆》，看她们如何教育别人的孩子，而不愿教育自己的孩子。

接受《好时期，坏时期》的灌输要比抬起屁股在自己的生活中经历好坏时期更加容易。我们只是观看，不愿自己做任何事。为什么会这样呢？因为我们变得懒惰。

我们德国如今由欧洲最肥胖的人组成。根据最近的研究和2007年4月19日一期的《福克斯》报道，德国四分之三的成年男性和超过一半的成年女性为超重或者肥胖。

我国哪个公民会不知道肥胖带来的后果是什么？你们当中每个人都知道想要减肥必

须做什么。为了减肥，这里只有两个你能改变的指数：

少吃。

多运动。

选择其一或者都选，没有其他可能性。这点我们都知道。

问题是：我们不去做。

为什么不做？因为我们懒惰、好逸和惰性强，并且没有正确的态度。我们宁愿让屁股陷在沙发里。

这对于我们无所谓

这是第三点。这对于我们无所谓。我们就是不感兴趣。为什么我们会有漠不关心的态度？因为没人要求我们。在某事没有外在责任施压的那一刻，这事对大多数人就是无所谓的。你缺乏自律、意愿和内在的严厉，不从自身去要求自己。

没有法律要求你必须健康地生活，以便让你不患心肌梗死。没有这样的法律。你必须由内而发地要求自己这样。

没有法律规定要求你去赚足够的钱而使自己获得经济上的独立。这需要你从内在去要求自己。

没有法律条文要求每个人都必须充分发掘自己的潜力，为了能够尽情享受生活，我们必须自己去规定。这是你的生活。由你来决定你要怎样去过。

没有人要求你要保持身体健康并充满活力，以便让你能尽可能长地享受生活。你必须自己要求这样。这是你的生活准则。

没有人要求你成为经济独立的人，以便你能够在退休后享受生活而不是求助于国家。你必须自己要求这样。这是你的生活准则。

没有人要求你要充分发掘自己的潜力并获得成功。你必须自己要求这样。这是你的生活准则。

没有人要求你要有一张书面的目标清单，以便你知道你一生中想要达到/完成/做到/经历/拥有/从事/看到什么。你必须自己要求这样。这是你的生活准则。

在我们的历史中从来没有过如此多不同的机会和可能性。机会和可能性随处都有。而你必须停止抱怨，停止让其他人为你的糟糕境况承担责任，你要尽可能快地采取行动。因为如今更重要的是我们每个人都要有发现新的机会和可能性的能力。

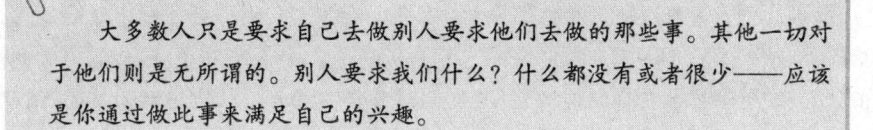

> 大多数人只是要求自己去做别人要求他们去做的那些事。其他一切对于他们则是无所谓的。别人要求我们什么？什么都没有或者很少——应该是你通过做此事来满足自己的兴趣。

个人态度中最危险的状态之一是漠不关心。你如何帮助一个一切对于他都无所谓的人？如今我们对太多的事情都是无所谓的态度：

* 许多年轻人认为学校和教育是无所谓的。教育？随便！
* 许多人认为身体和形象是无所谓的。健康地生活？随便！
* 我负债。我无所谓！此刻最重要的事是快乐。
* 我有一份工作。公司出了什么事，与我无关。重要的是，我过得好！
* 别人过得没有我好？我不关心。
* 一次我能够学到新事物的进修研讨会？我不感兴趣。
* 进修？我无所谓！我在我的这小块儿格子里感觉很好。我为什么要敞开头脑接受新事物？

漠不关心是个杀手，它杀死我们的感情，使生活变得单调、无聊、令人厌倦。厌倦导致沮丧，沮丧带来的经常是暴力。

给你举个例子，你一定了解这一情况：一个年轻、充满活力、满怀抱负的男子结识了一个美丽的女子。他迷上了她并说道："她是我的梦中人，是我今生的爱人，我要拥有她！"

从这一刻起，男子做了一切能够俘获女子芳心的事：他体贴温柔，把所有时间花在她身上，尽管他还有无数件事要做。他一度爱上跳舞、购物、神情的交流，尽管昨天他还对此无比厌恶。他开始去健身房锻炼身体，训练耐力。他开车带着梦中人去度假，为她花钱，对她海誓山盟："宝贝，没有人能将我们分开！我永远在你身边！"

你熟悉这样的情景吧？

终于，有一天女子完全倾心于男子并嫁给了他。她没有识破男子的演技。在婚礼的圣坛前，男子将婚戒套在她的手指上，此刻他内心欢跃："我完成了生命中的俘获！"他的目标实现了。不久他便会回到以往的生活方式。10年后女子生活中是一个躺在沙发上，超重的，完全失去积极性的男人。

他的妻子会发现自己面对的是带有夺走她的一生的恶劣态度的人吗？很可能不会。她更容易说的是："这就是生活而已！"

你觉得这个场面言过其实？我不这么认为。

> 你的身体是你此生必须携带的行李。 超重越多，路途越短。
>
> ——佚名

我们让别人带着这种态度走完一生。那些不会直接告诉你必须做出改变的人,不能称作"朋友"。真正的朋友会对你说:"这不是真正的你,你要变得更好,你有更大的潜力,你能做到的更多!"朋友是向你挑战,激励你改善自我的人。以这句话为基础,请问问自己,生活中有多少真正的朋友。我也立刻给你我的答案:很可能一个都没有。

不久前在教练办公室,当时我走在一个长长的走廊里,看到前面一个同事站在门框那儿。他倚在门框上,刚好我能够看到他倚在那里。当他那样站着时,我发现他胸部下方的轮廓最近见长。于是我朝他走去,拍拍他的肚子调侃道:"你去年可是发福喽!"当然我是边笑边说。

紧接着我问了他一个关键的问题:"如果你接下来的10年一直这样下去,结果会怎样?"他有些惭愧地望望自己肚子回答道:"我知道,但还没有人像你这么直接地对我说过。"我回应道:"我这么说,因为我是你的朋友!"

关于态度的三个事实

关于态度有三个我们必须理解和接受的直接且真诚的事实。我们对待这些永恒的事实的态度,将持续影响我们的个性发展。

1. 你和你的态度一起决定你的未来。

让我们一起看看你的公司或者工作的地方。下面的场景一定也发生在你身边。

两个员工做同样的工作,在同一家公司,拿同样的工资。

这种情况你一定熟悉。其中一个员工有下面的内心态度(大多数时候他不向外表露):

"我赚的没有我希望的那么多,另外公司也不是我的。所以我从不早到,每天尽可能早走。如果这就是公司付给我的一切,那我就只按要求履行责任。"

你认识有这种态度的人?! 你与有这样态度的人共事?!

嗨,也许你正是有这种态度的人?! 难道你不认为正是这种态度毁了这位员工10年内的每一次晋升的机会? 一定是的!

> 你的态度对你的未来有一种叠加效应。你永远无法逃脱你的态度带来的后果。决定性的问题只是:你的态度是正确的还是错误的。

正是这个简单的事实大多数人都不愿承认。

还有另外一种内心态度。

另一个员工,有同样的工作,拿同样的工资,他的态度是这样的:"公司此时给我的都无所谓,我依然尽早来,每天工作比要求更多……这是为我的未来投资。"

你也一定认识有这样态度的人。

嗨,也许你正是这样一个人。(我开始变得友善。)

同样的工作,同一家公司,一样的薪水——但是一种完全不同的态度。

为什么一个员工态度不对而另一个态度如此积极?

他们都是发自内心的。

我不清楚。

我把它称作"生活的秘密"。

我只知道你今日的态度会影响未来的一切。请你理解并接受这句话。

下面是第二个关于态度的残酷事实。

2. 你一直在为自己工作。

感到吃惊?

你从不是在为老板工作。这是真的。

你从不是在为别人工作。

事实是,你一直在为你自己工作。

也许你的老板在月末付给你工资,但事实却是你一直在为你自己工作。

你整天做的所有事情都是你的态度和个性的反映。这样你会画出一幅自画像,它将影响你今后的变化和你的未来。日常生活中我们称之为声誉。你是一位每天精心描绘自画像的画家,一位艺术家,你是毕加索,并将自己的画像呈现给他人。难道使你的画像能有一个令人折服的名声不是值得推荐的吗?

比如,成功先生,百分百女士,可靠先生,正直女士,总是尽全力先生,自律女士?

> 你每天做的所有事情都是你的态度和个性的反映。

也许你此时赚的不如希望的那么多。但是如果你有一幅令人折服的自画像,一个有说服力的声誉,那么等到老板付给你与你的价值相符的薪酬就只是时间的问题而已。

请相信以下我所说的。

如果你的老板蒙蔽了眼睛没有赏识你,那必定会有另一位伯乐向你走来并且给予你想拥有的。所以说你一直在为你自己工作。

这给你带来勇气了吗?我希望是的。

大多数人永远无法理解。就像能够理解下面这点的人一样不多。

3. 没人对你过去的成功感兴趣。

没人对你曾经多么优秀感兴趣，不是吗？

没人会感兴趣，你过去有多优秀。

"毕绍夫先生，不是的！你看看那些运动明星们！"

没错，那是事实。不久前我刚刚读到迈克尔·舒马赫在结束他的F1生涯后每年仍有3500万欧元的广告收入。不过我要反问你：你是运动明星吗？或者是其他的什么超级明星？不是？

那么就请你省省这愚蠢而破绽百出的论据吧。

如果你是和我一样的普通人，那请你相信我，没有人会对你在过去做过什么惊天动地的事感兴趣。

在篮球运动中，我很快懂得，作为教练，你的表现就是上周末的最后一场比赛。只要看看德国足球甲级联赛就够了。比赛中俱乐部经理貌似相互一致的一点是，看谁解雇的教练最多。这些决断者以及公众似乎从未了解过，教练建立一支运作良好的球队需要多长时间。通常需要的时间要超过一个联赛赛季的前五周。

我亲身经历过——

第二次参加篮球甲级联赛时，我在巴姆贝克带领的是一支年轻的球队。赛季前所有负责人鼓励我和这支非常年轻且没有经验的球队说：

"我们足够好。"

"我们有耐心。"

"你可以安心训练。"

"我们知道，艰苦的时期即将到来！"

我们在预备赛中打得很好，一场接着一场胜利，并提早在赛季中位居排行榜第二名！我们庆功，每个人都很友好，都想继续上场并最终在公众面前分享成功。七周后我被解雇了，因为我们连续输了七场比赛。那时没人再对过去的成功感兴趣。

我在我的演讲中用这个例子来说明没人对你过去多么优秀感兴趣：

"女士们先生们，今天是我今年第88次做演讲。第88次！之前的87次我都演讲得相当棒！"

没人对你过去有多么优秀感兴趣。关键的只是你现在有多优秀。

个人态度是决定性的雇用标准

这是一个相当重要的雇用标准，是我从篮球教练蒂克·鲍尔曼和迈克·沙舍夫斯基那里学到的。如果你领导一支球队或者一家公司，请你这样做：

雇用态度，而不只是技术。

根据态度来雇用员工，而不是仅仅根据他们的能力。能力自然重要，但当你能够在两个有潜力的员工中选择，他们拥有几乎同样的能力，那么请你务必选择态度更好的那个。

我甚至再进一步说：

雇用态度，训练技术。

请你宁愿选择一个此时没有什么能力，但有顶级态度的员工，而不是雇用拥有恶劣态度的技术领域里绝对的专家。

你会问，为什么要这样？

因为在这瞬息万变的世界中，各种要求和必需的能力在不断改变。有正确工作态度的员工总是做好准备学习新事物。没有正确态度、抗拒改变的人则像绑在你腿上的讨厌负累，并给其他同事带来负担，污染你的工作氛围。

一条臭鱼会腥了一锅汤。

一个印象深刻的例子

我曾在巴姆贝克做过6年教练。前半段时间我是作为职业队的助理教练和主教练，在后半段时间我创立了新生力量促进项目，该项目目前可以算是德国最好的项目。（你看，我知道如何自夸。）几年前我们在一场德国冠军杯的资格赛上对抗一支来自莱比锡的球队。不骄傲地说，必须一提的是我们队在那年发挥极好，我们的目标就是夺得德国冠军杯。

与莱比锡队的比赛就是通往冠军路上的一份任务。我们的对手表现出绝望的筋疲力尽，我们以七十分的悬殊赢得比赛。尽管如此，我不得不在比赛中叫了一次三分钟的暂停来提醒队员：

"对手打得格外凶并且带有进攻性。你们务必集中精力对抗直至最后一刻，以便没有人受伤！"

当一支德国球队在比分悬殊65分时叫三分钟暂停，好像一切关乎球员们的生命，那这就是球队教练态度的反映。

在体育运动中你很快学到，球队就是教练的反映。这也同样适用于企业。

所以比赛结束后我走向对方教练并祝贺他。我不认识这位教练，但他的队员比赛拼搏时的劲头给我留下深刻印象。

随后这位教练又走过来找我。

"你好，我叫米尔科。我想成为职业篮球教练，我要怎样才能做到？"

那时，已经有数千位教练问过我同样的问题。

我坦率且真诚地告诉他：

"在莱比锡不行。你必须加入国家范围内最受公认、最有名的项目，它将为你打造声誉,同时你也可以学习到最好的。"

"我在哪里能得到这些?"

我回答:"到我们这儿做教练暂时不行。但你可以申请在办公室做实习。所有申请者几乎都会被经理雇用。每天你必须紧张工作十小时,但是你已经踏进了这个圈子。今后你会有什么成就,完全取决于你自己。"

我们的对话就这样结束。坦白地讲,很快我就忘记了那次对话。因为,就像以前所说的,我已经给过许多人这样的建议。你认为会有多少人真正出现在了巴姆贝克?

是的,没错,一个也没有!

因为每天工作十小时——这听起来确实像份全职工作。这对于一个认为每天的自由更重要的懒蛋实在是太多了。

米尔科却不同。第二年他站在巴姆贝克的办公室里做实习生。他只有一个目标:成为篮球教练。他就照着我建议他的去做:每天完成办公室任务。

傍晚,当他办公室的工作结束后,他便坐到训练馆里仔细看我和其他教练组织训练。

你还要了解的情况:在我们办公室有许多实习生,拿着很少的报酬。他们拿到极少一点钱,少到我不想告诉你那究竟是多少。

通常所有实习生在适应两到三个月后会做下面的事情:他们去找经理要求加报酬。他们索取。在还没有什么成就时,他们就开始索取。

理由是,靠现有的工资他们无法生存。

好吧,他们说得有道理。但这是一种错误的态度。

正确的态度应该是:

保持沉默。首先做出贡献,展示成绩,然后索取。

经理一定程度地参与这个新生力量促进项目。我确信他随后在心里勾掉了大部分人。想要成为公司的固定员工,那些人还没有正确的态度。

只有米尔科是不同的。他一字一句地说:

"我赚得不多!不足以生活。但是能够允许我在这里工作,这份荣誉对我来说已经足够!"

哇噻!这难道不是值得钦佩的态度吗?!如果你是老板,你对这样的员工会做出怎样的反应?

同时发生的还有以下情况:

你可以想象一下,如果同一个观众每天在同一个位置带着同一本记事本坐在你的训练馆里仔细看你工作,那么经过一段时间后,事实会说明这位观众的内心态度。冬季停赛过后我觉得时候到了。在一次再次让我感到工作量过大的训练之后,我走到米尔科身边对他说:

"听着,如果你已经是每天都要来这里,那你也可以马上做点什么。我要你做我的助理教练。"

第二天起米尔科不再是坐在看台上,而是站在场边——作为沉默的观察者,一句话不说。

几周后我第一次交给他做热身运动。(另一个理由是,我没有兴趣自己去做。你知道,你懒惰,我也同样懒惰。)

当时我注意到米尔科相当迅速地与运动员建立了交流和沟通。几周过后米尔科在一次紧急情况中第一次单独指导训练。整个过程超过一年半。

2006年春天,我通知俱乐部我想从自由赛坚持到赛季结束,然后便终止我的工作。

你猜猜谁成了我的接班人?

没错,米尔科!

这难道不是一个令人印象深刻的故事?米尔科用什么实现了他"职业教练"的梦想?

正确的态度!自主的行动、意愿、顽强、学习准备和两年时间!没有别的!出众的天赋?

没有!绝对没有。

这不是很简单的吗?

对你不该是同样简单的吗?

自主的行动与天赋无关!

意愿与天赋无关!

顽强与天赋无关!

学习准备与天赋无关!

有关的是你将智慧付诸行动,设定目标并坚持它。

支付表现,宣传态度

如果你是企业老板、领导或者团队首领,那么请你用心聆听,我在沃尔夫冈·宋娜本德——阿瓦多集团贝塔斯曼的执行副总裁那里学到的:

支付表现,奖励态度。

创新企业不再仅仅根据工效评价员工,而是也考量他们的态度。

工效突出的员工获得加薪和红利。但首先得到晋升的是除了工效出色,同时态度也出色的员工。这些企业的测评如下:

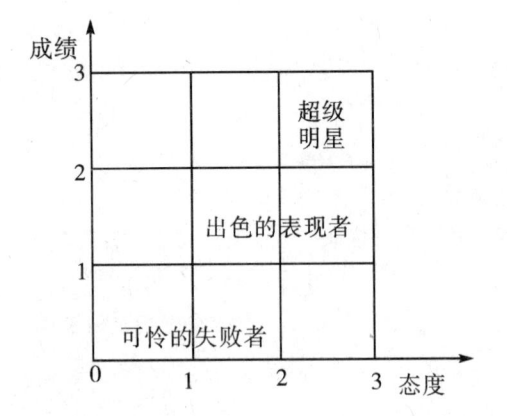

```
成绩
 3 ┤     │     │     │
   │     │     │超级 │
   │     │     │明星 │
 2 ┤     │     │     │
   │     │出色的表现者│
 1 ┤     │     │     │
   │可怜的失败者│     │
 0 └─────┴─────┴─────┴── 态度
   0     1     2     3
```

Y轴是工效评估，X轴是态度评估。每个员工在这两类中可获得1到3分。

工效很容易评估，只要在财政年末统计数字、事实和成绩——你熟悉这些。

态度通过以下方式评估：

该员工如何对待同事、组员、上司以及公司高层？他在年度员工测评中获得怎样的结果？最后每个员工都会在坐标系中有自己的位置。

在坐标系外我们还有可怜的失败者。他们是那些在两方面中的一个甚至这两方面表现都不佳的员工，在公司中没有晋升机会。今天所有在1到2区的人你最好都解雇。

接着我们还有出色的表现者，他们切实帮助了公司。

然而最先获得晋升的是超级明星——那些既交出出色成绩又有正确态度的员工。

顺便提到，万一你还不知道，这三类员工类别（可怜的失败者、出色的表现者、超级明星）在每家企业几乎呈现同样的百分比：

最好的（＝20%）；

中等的（＝60%）；

差的（＝20%）。

> 关于态度和工作效率的事实：每个企业都有20%超级明星、60%出色的表现者和20%的懒惰失败者。

你作为老板该如何对待这个分类？

相当简单。

最好的20%，交给他们任务，然后随他们去完成。这类人足可以独自工作，也不需要你像保姆一样时时监工。

较差的20%，我们受任于社会要接受这类人到公司来并负责照顾他们。这绝对是愚蠢的做法。请省省你的精力！解雇他们！对于这类人有这样一句话：你不能将一头猪变成骏马。你只会让猪不知所措。这就是浪费时间和精力。你无法调动没有积极性的人。你无法教给愚昧的人任何新事物。你无法传授给成年的笨蛋正确的态度。你放弃吧，把他推到门口。

这不是什么糟糕的事。你必须理解"解雇"的定义。当我因为缺乏效率而解雇一个人时，我并不是针对他，而是为他好，为整个公司好。长期下来这个人在团队中会感觉不适，而团队也同样排斥他。某个人在你的公司浪费他的时间并在某一刻自己发现这里不适合他，你要在此之前来替他做决定。

长久来看，这对于你的公司和员工是最好的。尽管我不得不承认，几乎没有员工会在你将消息告诉他的那一刻这么认为。

> 解雇态度不好的员工！你不能将一头猪变成骏马。你只会让猪不知所措。你在浪费你的时间和精力。

将你的精力投到中间的60%。那里的员工需要你的帮助，也值得你去花时间和精力。你作为领导的任务是简单的——

将中间的60%归到另两类中去：

最好的20%或者最差的20%。

你没有听错，分到这两类中。

明天你可以解雇你认为最差的20%，不超过一周时间后，中间的60%会自动分组，最差的20%再次被填满。这是你无法改变的事实。

如果一个超级明星离开你的公司，请不要害怕。你也无法阻止它的发生。真正好的员工大多数时候或早或晚都要走自己的路。不要担心，下一个准备好填补空缺的人已经站在起跑点。他只是在等待机会。到目前你还没有发现他，因为你不必去发现他。你有其他可以信任的超级明星。

从你自己开始

你认识这样的人吗？他们总是嫉妒地看着别人并讽刺地瞥眼看别人在做什么。每个人都应该关心自己的事儿。如果你惊叹另一个人所做和所能做到的事，那你就去向他请教，他是怎样获得和实现该事的，然后你也照做。那么不久你也会拥有或者会做同样的事情。不过请不要用你的嫉妒伤害我们！

> 嫉妒不过是不守纪律的思想而已,这些思想溜了号,跑去关心别人所拥有的东西!
>
> ——鲍里斯·格鲁德,德国政治家

> 嫉妒是品格低下的自白。
>
> ——维克多·雨果,作家

你宁愿用手指指向别人,也不愿自己承担责任?请停止那样做!当你用一根手指指着别人时,总是有三根指向你自己!请你不要评价、抱怨或者斥责别人。你无法改变他人!但你可以改变自己。因此你要关心的只是你自己做对事情。

人只能改变自己

在我的演讲结束后总是有听众过来与我交谈。从这些交谈中我经常学到很多东西。我已经从听众那里获得许多好的建议和实施可能性。

但几乎在每次演讲之后(首先是企业内部培训)都有一位听众走过来问我下面的话:"精彩的演讲,毕绍夫先生,我只是在想我的员工能接受多少呢?大多数人明天一定就忘记了今天听到了什么,并且根本不会去实施。"

我总是用同样的话回答:"你只要关心你记住的所有内容并且从明天起你会实施这一切!如果每个人都这样做,那你的公司就会很好。"

不是这样吗?

> 从你自己开始,你的生活将得到改善。这样你的一生都会有所作为!

> 我总想改变世界,直到我发现我不能改变它。但我可以改变我自己。
>
> ——佚名

从我们自己开始:
不要去改变他人——改变我们自己。
不要批评他人——自我批评吧。
不要去问他人的态度——问问我们自己的态度。
不要嫉妒他人——去做必须做的事,以便我们可以去往想去的地方。

最后一点：

如果前一秒你发现必须改变自己的态度，因为你一直都做错了，那这就已经很好。不要对自己太苛刻。

相反，要恭喜自己有这样的认识。

不要为自己的过去悲哀。无论如何你已无法改变过去。

现在请决定从今天起你将改变哪三件事。

请把这三件事写在一张纸条上，以便你每天能够看到它们，即便是在紧急状态下也能够想起。

从今天起我将改变下面的三件事：

1. _____
2. _____
3. _____

祝贺你，第一步已经完成。

祝你下面的阅读开心！

克里斯蒂安·毕绍夫对于"态度"的要点总结（本章小结）

* 你的态度是你生活中决定一切的要素。一切都伴随你的态度起伏。
* 生活中你能够影响的是你的并且只是你的态度。
* 请不要担忧你不能影响的事情！集中精力于你能够改变的事情！
* 成功首先是对这个问题的回答：
  "我想不想成功？"
  大多数人不想！
* 健康人没有成功的三个原因：愚蠢、懒惰或者漠不关心的态度。
* 许多人只要求自己做别人要求做的事情。所有其他的事对于他们都无所谓。
* 你的态度决定你未来的生活和事业！
* 我们今天的态度会作用于我们的未来。我们无法逃脱态度带来的后果。关键的问题只是：你的态度是对还是错？
* 你每天所做的事都是你的态度和个性的反映。
* 没有人对你过去的成功感兴趣！
* 摆脱狭隘的自我！
* 从你自己开始！
* 如果你现在发现你在重要事情上做错了，这并不糟糕，你可以立即改正。一切取决于你自己！

成功其实很简单

作为年轻的教练，我曾要求自己做到能将由一些天赋平庸的球员组成的球队训练成一支冠军队伍。多么大的错误啊！

我很快了解到，作为教练，他的成功取决于队员的素质。在职业运动中很容易认识到这点：

每个俱乐部都清楚球员多好，自己获得的成绩就有多好。让我们来看看拜仁慕尼黑——在一个令人失望的2006/2007赛季后，俱乐部走上了球员全球购买之旅。因为球员的能力很大程度上决定俱乐部有多成功。在其大手笔的全球购买之后，拜仁慕尼黑在2007/2008赛季再次毫无疑义地捧得德国冠军杯。

这个原则同样适用于你。

你的能力很大程度上决定你有多成功。

有一个很简单的公式适用于在体育运动中取得成功，它也同样适用于你在工作、生活和个性上的所有成就：

只有公司的员工改善，公司才得以改善。上级改善了自我，员工才能进步。为什么是这样？因为你只能在自己内在所拥有的方面引领别人。一个不能领导自己的人又怎么能指引他人？

一个以自我为中心并且缺乏自信的上级怎么能向员工委派任务，怎么会受到员工的信任，又怎么能与员工进行坦率、真诚的交谈？

很简单，这绝对不行。你只能在自己内在所拥有的方面引领别人。

因此在公司里——

只有当上级改善自我，员工才能进步。上级的自我发展建立在公司高层的发展和正确的领导方式上。

你知道这句俗语：

鱼沉先沉头！头部是最高管理层。（当然，这不能作为员工不尽本职的借口。）

学校里同样是这样的规律：

只有老师进步，学生才会更好。

只有校长改善自我，老师才能得以改善。

在你的生活中也是如此：

妻子们做得更好，那丈夫们也会进步。相反同理。

孩子健康成长，要靠你作为家长的榜样作用。

如果你改善了想法、行为和谈吐，你生活中的一切都会不断改善。

只要你还在为改善自我而迟疑，那你的生活则绝不会更好。

不久前一次演讲结束后，一位公司老板找到我并提出这样一个问题："作为老板，我去改进公司的基础设施和技术条件是不是要比培训员工更重要？我们刚刚投入了一笔价值百万元的最新设备，这会吸引许多顾客的！"

你更愿意选择哪个？

最新的、最具创新性的百万元设备投资和那些差劲的根本不知如何操作设备的员工，还是你宁愿要出色的员工？

我知道，你的答案是两个都要！

然而我对这个问题的理解是，最重要的是工作在公司里的员工。

如果你没有能够运用、转化和销售技术的人，再好的技术也帮不了你。公司中最重要的资源是人。

> 少数员工关心是不是有事发生，许多员工关心的是无事大吉，许多员工考虑事情是怎样发生的，绝大多数则不清楚到底发生了什么。
> ——法兰克福交易所的黑牌上的文字

我为什么告诉你这些？因为成功很简单：成功总是只开始或失败于你自己。每个公司的成败都取决于人。人是成功的源泉，不是国家，不是雇主，不是社会福利保障体系，不是老板，不是同事，不是朋友或亲人。就是你本人。

我在作为篮球运动员和教练的16年职业生涯中结识了来自全世界数千位运动员和教练。我和蒂克·诺维斯基、斯文·舒尔策、阿德莫拉·奥库拉贾一起比赛过，和蒂克·鲍尔曼、迈克·沙舍夫斯基、罗伊·威廉姆斯共事过，执教过从像施特芬·哈曼、克里斯·恩斯明格、戴里克·泰勒这样的队员到新人队员的数千位运动员。

对于我，关键的问题始终是：

是什么区别了成功者与并不成功的人？

因此我根据态度、行为、成功与失败的标准观察和分析了全世界不同国家的运动员。我用11年的时间游历世界，去学习，同时我还读了无数本书。

很快我总结出一件事：

一个人在生活中取得的成就首先取决于他自身的意愿。

你的意愿是决定性因素！

我们经常说:"我不行!"这是"我不想"的一个愚蠢的借口。

生活中你一定做不到你根本不想做的事情。

你的意愿决定你想要什么。当你确实想做什么时,你就会找到通往那里的正确道路。

如何能找到自己的意愿?

请问自己:"生活中我想要的究竟是什么?"

写下你的答案并在生活中去做它们。

为什么你的意愿如此重要?

很简单:

如果你的意愿一旦被唤醒,那就只有15个真正重要的生活原则,15个个人态度标准,来帮助你取得成功。

15个生活态度帮助你去实现、去做、去经历、去拥有、去见证你生活中想要获得的一切。

我正是想在这本书中告诉你这15个人生态度。

首先还是请你再次了解这个基本原则:

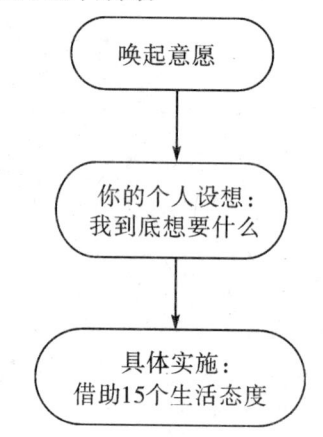

```
┌─────────┐
│ 唤起意愿 │
└────┬────┘
     ↓
┌──────────────┐
│ 你的个人设想: │
│ 我到底想要什么 │
└──────┬───────┘
       ↓
┌──────────────┐
│  具体实施:    │
│ 借助15个生活态度│
└──────────────┘
```

对于这15个生活态度中的一些,你可能会说:

"毕绍夫先生,这点不只是态度问题。"

是的,它不只是态度问题。如果你再仔细读一下我对"态度"的定义,你将会发现我所言是有道理的。

NO.1 百分之百地负起责任

- 成功的人永远不是在借口中取得成功。
- 不要抱怨,而是要制订计划。
- 别再关心你不能影响的事情,专注于生活中你能够控制的事情。

百分之百地负起责任

一个人，只有当他对他所承担的负起全部责任时，才是一个真正的人。责任是最基本的前提并需要最多勇气。

——奥修

请对你的人生负起全部责任，无论生活还是事业。请带着这个信念，而不是什么别的借口，开始行动吧。

我现在有一些问题，请你用"是"或者"不是"来回答。

1. 你是否想在以后的某个领域内做得比现在更成功？
2. 你是否想在以后拥有比现在更多的财富？
3. 你是否想以后有更多的可信赖的朋友，可以和他们共同度过难以忘怀的时光？
4. 你是否想以后可以和朋友们一起享受比现在更有意义的生活？

如果你对这些问题真诚地大声回答"是"，那么，这些是你的内心需求。其实这也是每个人的内心需求，希望在生活中取得更多的成功，拥有更多的财富和更多的朋友，活得更有乐趣。

如果你对这些问题回答的是"不是"，那是你在欺骗自己。

自我欺瞒是一种从现实中逃离的最简单的方式。

——珍妮·佩塔拉

这四个愿望是我们在现实生活中最基本的需求。我们所有人都希望取得成功，拥有财富、真诚的朋友和有意义的生活。这些愿望自然地存在于人的本能中。如果直到现在你还在对此说"不是"，那么你也许还拥有其他愿望，建立其他的目标，希望能成长并变得更好。一个人，如果不能成长和改善，就会如同一棵枯木，慢慢腐烂。

请再一次开始信赖你的梦想，问问你自己："这些真的有可能吗？"

百分之百地对你的生活负责任

请你现在这么做：请你走到你常用的镜子前，深深地看着你的眼睛，微笑，然后大声说："我为我所看到的这一切负责任，也只有我对这一切负责任。"

你这样做了吗？负全部责任，这是我们生活中最难做到的事情。现在你所有的一切是由你自己负责，一切都取决于你自己。你自己选择了你的职业，你的房子，你的居室和你的居住地。你自己选择了你的生活伴侣。

这赤裸裸的、冰冷的、不完美的生活就是你真实状况的反映，你现在的生活就是你现在内心潜意识所希望的。

"毕绍夫先生，不是这样的，一定不是这样的。我其实从不想这么悲哀地生活，但我对此无能为力。"

如果真是这样想的话，那你一定很早以前就已经利用一切机会来改变你的生活了。但实际情况是，你对周围一切环境的习惯比你想改变生活的愿望要强大。

所以我可以再次清楚地说：你现在的生活就是你一向所希望的那样。

过去的几年你也许滋养出小肚子或者锻炼成阿诺德·施瓦辛格的身材。

你不断成长，保养和装扮自己，每天打扮优雅，释放着迷人的魅力；或者你堕落消沉地度过了这些年。你决定了自己脑中的知识积累，那是连环画里的知识、小说中的知识、专业知识、学科知识、科普知识或者干脆没有知识。一切都由你决定！

过去的这些年你多是坐在电视机前，而不是多读好书。你是对电视节目倒背如流还是读过目前所有的畅销书，这些都由你负责。

你挑选了朋友。

由你决定你与他们共度多少时间，与他们交谈什么。

你通过这一切来决定脑中的思想以及这些想法会带给你什么。

这是你的并且只是你的决定！

你为你此刻是谁和从事什么工作承担百分之百的责任！

这听起来残酷？

必然的！但是镜子中真实的成像往往是做改变所迈出的第一步。

请你设想：

世界上没有地方能展开你的个性成长。

唯一的地方就是镜中严酷的自我分析。

如果你不想或者不能独自这样做，那请你的挚友或者亲人拿住你面前的镜子。鼓起勇气！只要你还不承认生活中有错误，那你的生活就无法改善！

如果你对自己的现状不满意，那没问题。

因为这正是我们的责任,在接下来的 10 年我们将成为谁或者在做什么。这正是你从今天起可以影响和改变的。

这里有几句一再激励我的话:

> 10 年后你一定会到达某个地方。
> 关键的问题是:
> 到哪里?
> 目标由你确定!

如果你受够了某事,那么请你承担起全部责任从今天起停下来,去做其他事。

如果你改变自己,那么你的生活会发生变化。这一事实对你是否像对我一样具有吸引力和激励性?一切掌握在我们手中。

为此我们必须对自己和我们的生活负起百分百的责任。当你知道你的生活完全掌握在自己的手中,那么 10 年后你会在内心收获满足感。

寻找借口和推卸责任——我们最爱干的事

负起责任……

其实我们大部分人不愿意负起责任。大多数的人在负起责任前总是千百次地寻找借口来躲避责任。

这种情况在我们的童年就开始了。我们在儿童期并没有被教会要负起个人的责任。

姐妹俩打架。如果问谁开的头,两个人都会指着对方。又如,小孩子坐在饭桌前玩弄面条,用勺子不断地敲打桌子,直到所有的饭菜掉到地板上。他喊道:"哎呀!"继续坐在那里不动。因为他本能地感觉到:"如果父母不能忍受,就会赶过来收拾。"果然,妈妈跑过来开始打扫。错了!你的孩子必须知道,他自己要收拾他所造成的后果。应该让孩子尽快学会对他自己所做的事负责任。

我们问孩子谁该为差成绩负责。回答是:"老师!他的问题太难,讲课又不好!"

让我们坦诚地说:我们都用过这样的借口。我们也总认为是老师在课堂教学中犯下所有错误。

作为成年人,我们不能允许孩子说出这样的借口。

我们都知道,有许多老师教授不好,不能给年轻人以指导。我也有过这样的老师。但这也不能使我们摆脱自己的责任,是我们并且只有我们该对自己的成绩负责。我们没有和那些我们无法很好共事的人合作过?

当然有过。

尽管如此,我们仍要对相应的结果负责。我们的孩子应该尽早知道:

> 没有借口! 停止责备! 你要对你的成绩负责!
> 真正想得到的人有办法。 不想得到的人有借口。
>
> ——维利·梅烈,格言家、政治评论家

我妻子是位老师。如果她的班里有25个学生,那她要领导75个人。

没错,75个!

25个学生和他们的50位家长。他们经常在幕后用一种让人无法忍受的公正要求把一切搞得没必要的复杂。

25个学生很简单。

但是那50位家长……有时非常麻烦。

这个学年我妻子接到一个新的班级,这个班级是众所周知最不守纪律的。她从开学第一天起要求每个学生严守纪律,这点她做的一点没错。

刚好一周后,在教室门外出现了第一位抱怨、诉苦的家长:

"你怎么能如此严厉地管理班级?这是不人道的!"

在我眼中这位家长犯了一个巨大的错误,总有一天这个错误会像飞去来器(回旋镖)一样回到他那里。他给了自己的孩子若干借口:

"是的,老师过于严厉。"

"你不必做这些惩罚作业,我的宝贝。"

"别人逃课或者班级里太吵了。这不是你的错。你不必学习融入集体。"

虔诚的蠢货!你是生活在什么时代?

等到有一天这样的孩子长大成人了,但在生活中没有成功地把握住必要的自我责任感,那时我们还会对此感到吃惊吗?

但是,四个月后的圣诞节,我妻子班级里半数的孩子都写来贺卡,送来礼物,并且说:"你是最好的老师!"几个月后第一批家长带着他们各自的问题充满信任地在课外辅导时间来找我妻子寻求帮助。

> 成功的人永远不是在借口中取得成功。
>
> ——恩斯特·费斯特,奥地利诗人

在篮球运动中我也遇到过同样的情况：

一个球员在给队友传球时失误,这是谁的错？

传球者指着接球者,而接球者指向传球者。

传球者喊道："接着球。"

对方回斥道："不要这么用力。"

作为教练我生气了,走到他们当中。我痛恨这种"推卸责任"。

比赛结束后他们的家长找到我说："克里斯蒂安,我没办法接受和理解,你如此严厉地对待我的儿子。"

我的内心在用力挣扎。

我经常会直接回答："如果你认为不合适,带着你的儿子走开,把他藏进棉花堆,这样他就没事了,请你们另找别家俱乐部！"

你认为有多少家长这样做了？

是的,没有。

我们经常只是需要直接且真诚的话语。因为我们所有人总是宁愿接受把责任推卸给别人的借口,也不愿意承担自己的那份责任。我们宁愿抱怨、斥责、发牢骚和批评,也不愿承担起事情并做出改变。

一个躲避义务的民族

我们经常这么想：某种情况的出现应由别人负责,而不是我们。

你看过《超码的我》这部电影吗？

如果没有,你应该务必看一看！

在美国,两个少年因为肥胖状告麦当劳。法庭要求这两个少年必须能够证明经常在麦当劳进餐会引起肥胖。这样法庭才会受理此案。

于是,其中一个叫史柏路克的少年口头接受了要求,并开始了自身试验：在三十天内,每天早、中、晚都在麦当劳进餐。

在我越来越痛苦地看着史柏路克每日的三餐时,我感觉很糟,以致我必须吃一个苹果、橙子或者香蕉。

在这三十天内他的体重增加了很多。在第二十一天,因为他的身体各项指数变得极度糟糕并且健康出现长期受损害的危险,他的医生紧急要求他停止。出于自我责任感史柏路克坚持将实验进行到最后。之后他的健康跌至谷底,他的身体需要六个月时间才能恢复至亲身试验前的最初水平。

像我所说的,请你看看这部电影!以画面呈现的东西往往令人印象更深刻。实验的结果可以用一句话总结:

麦当劳对我们的健康绝对有害!

我认为这部电影有趣、轻松。我差点忘了最重要的信息:

> 我们经常在麦当劳、汉堡王等快餐店消费,谁应该对此负责任?不是别人,就是我们自己!

这是你的责任,如果你经常在这些快餐店进食。我在我们的宪法中没有找到这样的条款:

"你每周必须至少两次在麦当劳进餐!"

同样,这也适用于吸烟。谁把烟插到你嘴里,点燃它,吸入尼古丁,直到癌细胞在你的肺部召唤:"嗨,我在这里。现在你要照顾我,只要我还让你活着。"

不承担责任,我们更多的是成为了一个躲避义务的民族。其中我们当中的一些人过度向大洋彼岸的美国看齐,他们认为德国应该是一个有无限自由的国家,这里人人都可以起诉任何事,并且大多数时候会收到赔偿。

如果你仔细调查一番,便会发现美国的这类荒谬案件中的大多数其实根本没有发生,那都是编造出的。

例如,你听说过那个老妇人的故事吗?她把自己的猫放进微波炉,紧接着要求生产商为猫咪的死亡承担责任并获得赔偿。这件事从未发生过。

或者那个在餐厅用饮料泼了男友的女人,随后自己在湿滑的地板上摔倒,因此而起诉餐厅老板并索要十万美元的赔偿。纯粹是幻想。

那个想用割草机理发的男人,事后起诉割草机厂商并得到五十万美元赔偿。这也是虚假的。

在德国也有类似的事。不同的是这些事件是真实的。

现在请你准备好:

2002年来自新勃兰登堡的法官汉斯-约瑟夫·布林克曼要求可口可乐公司和菲尔森的一家生产巧克力条的每食富(Masterfoods)公司为他的糖尿病承担责任并提起诉讼!

三年时间里他在新勃兰登堡州法院的每一个繁忙工作日都要吃两顿玛氏或者士力架,另外配上半升可乐。有一天这位超重的法官不得不因为肾部不适去看医生。

诊断结果为糖尿病。

布林克曼法官确定，可口可乐、玛氏和士力架这些糖分炸弹该为他的患病负责。因此他提出诉讼，要求生产商支付赔偿金。除此以外，可口可乐和巧克力条生产商每食富还需承担一切后续损失。

你听到这样的事情时，是否和我一样无语？

但还有更甚者：

2007年一位官员在多特蒙德社会法庭提起诉讼，称他在一次公差中遭遇了工伤事故。

事情是这样的：

这位官员在午睡时从办公椅上跌落到办公室的地板上并因此受伤。

众所周知官员们的工作很多并且辛苦。有其他想法的人可都是带有偏见的。如果官员真的像人们背后议论的那么懒惰的话，他们就不需要从11点午休到下午3点钟，而且在这期间通常很难因关系公民的事情联系到他们。那么法庭必须了解这点并且给予那位官员赔偿。

不过这里还有最好的事例来说明，我们比美国人更糟糕：一个三岁的孩子在幼儿园被一个掉下来的约15公斤重的"Tigerente"（卡通形象）伤到脚趾。孩子的母亲想起了许多美国的案件并迅速效仿。她和她的孩子一同到慕尼黑地方法院控告幼儿园和幼师并要求赔偿。她认为"Tigerente"因重量问题不适于做玩具，并且幼师没有尽到监护的义务……

这不令人悲哀吗？我不想对你隐瞒慕尼黑地方法院的判决：地方法院驳回控告。生活中出现的所有风险不是都能找到责任的承担者的。法院也没有看出监护义务的失职。

尤其是幼师没有义务每时每刻都围绕在孩子身边照顾。这样的要求只会导致每个孩子都需要一位幼师每时每刻去监护他。谢谢，可爱的德国法律制度，来防止我们犯这样的错误吧。

不要抱怨，而是要制订计划

请停止抱怨。抱怨解决不了问题。在你身边是不是发生过，尽管我们一再抱怨，可所抱怨的问题还是一再发生？抱怨只能使问题继续存在，而不能解决掉它。因为有一条永恒的生活原则，它的真实性我已经在自己身上验证过很多次——

生活原则：

你所发出的总是会再回到你自身！

你可以将这一原则视为"引力原则"。如果你抱怨，那你周围只有消极的抱怨者。如果你不准时支付账单，那你生活中也许就有不准时支付账单的顾客。

你的生活要怎样继续？你是继续抱怨，还是仔细想想你该做些什么去克服环境，去做出改变？

这也就是：

你所需要的是制订计划，一个具体的计划，你能一步一步地改变事情的计划。当完成这个计划时，你会感到自己的改变，你会变得强壮，自信，充满力量。这才是解决问题的方式。因为你是目标明确的，你不再随波逐流，而是有了自己实现愿望的方法。

你要时刻记着：

你不能同时抱怨和微笑。你不能同时抱怨和目标明确地工作。

因此你要选择一条路。这是你的责任。

你会反驳说：

"毕绍夫先生，没人知道我的问题是什么。"

我们每个人都有问题。我理解问题。我明白公司大量裁员是为了能够提高盈利和股票市价。波鸿的诺基亚就是一个实例。电视中股票经纪人还为此庆祝。

我知道政府在路上给我们设置障碍。

我从来也不认为你该为国家迅速上涨的物价负责。

对于这些你无能为力。你无法改变这样的局面。

但你有决定的自由：

你如何对待这样的局面，你如何应对变化。

这个决定完全由你负责。

你继续诉苦、抱怨和发牢骚，还是你要自己把握生活？

不要继续等待某人来救你。

没有人会来救你。你在离世的那一刻仍然在等待。

你必须把握自己的生活并决定在生活中你想要什么。但请你不要诉苦。请你不要再抱怨。没人对你的牢骚感兴趣。每个人都在为自己和自己的问题忙碌。

也许小时候没人教过你这些。只有你对你的生活负责，因为没人对你的生活感兴趣。

听起来很残酷？我说得过于夸张了？

也许有那么一点……但只是一点点。

因为这接下来是另一个事实：有这样的老板，他们只把自己的员工视为一个数字。

不久前我认识了一位校董会主席，他自己说他对学生们没兴趣，他不知道他们的名字，他也根本不想知道。因为他是教育家！在许多公司也是这样。你的老板根本没兴趣了解你会有哪些收获。当有一天你退休或者辞职了，你会得到一次真诚的握手，并伴有友善微笑的诚挚谢意。如果你是位好员工，那么也许还有鲜花。然后你离开公司，开始遗忘。一切只是时间的问题。没人会去考虑怎样能帮助你取得更多成就。

你来设计自己的生活——就是你!

不是国家,不是政府,不是你的老板,也不是你的朋友。

> 所有人都是自己决定的!而最后总是成功者承认这点。失败者直到生命尽头也不承认这个事实。

怎样才能设计我们的生活?
这里有三种可变因素:
1. 你想什么;
2. 你说什么;
3. 你做什么。

你想什么,你所想的一定是你在生活中所拥有的。
让我们来举个明白的例子吧:
你是怎么想"金钱"这个话题的呢?你有什么想法?

* 金钱不重要,不讨论金钱。金钱并不能使世界上所有的愿望都实现。
* 金钱是重要的,金钱带来自由,有了钱,人们能为自己或者别人做很多好事。

如果你选了第一个意见,显然你并没有很多的钱。
如果你信服第二个意见,显然你有很多的钱,而且正在用它们做善举。
你的想法决定你怎么看待世界和身边发生的一切。除了你自己所选择的现实,没有其他的现实存在。我可以给你举个例子:
十个人经历同样的情况,这十个人将用十种不同的方式诠释和处理这个情况。因为每个人作为个体在他自己的生活中用自己的现实视角去判断对错、好坏以及美丑善恶。

> 因为事情本身无好坏,决定其的是思想。
> ——威廉·莎士比亚

我想给你举一个我经历的例子:当我从永久雇用的篮球教练转为独立的演说家时,我必须首先改变我的思维方式。我必须放弃典型的雇员式思维模式,并且更多地像雇主那样思考。对此我有两个选择。第一,看到形势中消极的一面:"你每月没有固定的收入。

有可能你一分钱都赚不到。那样的话生活该怎么继续?"

或者看到积极的一面:"作为独立职业者,你根据自己的情况决定收入。没有上限。"

起初这对我很困难,我有极大的生存恐惧。如果你感到恐惧,那你有两个选择:

1. 逃避恐惧。

那样长期下来你的恐惧会不断加剧。

2. 直视恐惧并把它当做动力。

长此以往你的恐惧越来越小。

每个人都有恐惧感。你的恐惧永远不会彻底消失。

作为独立职业者,我自己决定把握手中的事情。

你可以看到,同样的情况中,会有完全不同的思考方式,并使人产生不同行为,这两者你更相信哪一个?

你所想的决定你生活中的一切。

你说什么和你做什么

我当然愿意告诉你,你怎样能改变你的生活。

但是,要注意,你一定对答案不满意。

我的答案是,改变你自己。

这就是答案,而不是别的。

你是不是想得到一个复杂的、学术性的答案?

对不起,我不可能给你那样的答案,因为事实就是这么简单。

> 我们经常干脆不相信那些看起来过于简单的事情。
>
> ——恩斯特·费斯特,奥地利诗人

如果你想改变你的生活,现在你就必须行动:改变你到目前为止的说话方式;变更你的住处;换掉你的朋友,如果他们不能给你带来积极的影响——我们人类只不过是我们周围环境的衍生品;你可以改变你的居住环境,你的饮食习惯;你可以改变你的运动方式,改变看电视的习惯,改变你的阅读习惯。改变你所做的一切。你有自己的全部责任。

未来由你来负责

努力工作，更要努力为自己工作。

——吉米·罗恩，美国经济哲学家

未来掌握在你的手中——不是在你的老板手中。

当你改善了自己，那你的生活也将变得更好。你必须在闲暇时间也坚持改善自我。

当个性进步和成长成为你的热情，那生活的金色大门已向你敞开。当然这并非一朝一夕就能实现。任何益事都非朝夕之事。农户的粮食也非一日长成，而是需要一整个夏季。

每个公司都会合理化消减岗位。如果你想确保自己不在裁员之列，那就将自己变得不可替代。我们总是听到这样的话："没人是不可替代的。"事实是每家公司都有老板不愿替换的人。

从吉米·罗恩身上我学到的是，在21世纪要具有不止一样能力，会说不止一种语言。这样在你原本的工作出现失败时，你总是还有计划B。它会带给你内心镇定和安全感，让你能够夜夜安眠。

我们来看一个简单的例子：

一个名叫伊万·帕维奇的球员在巴姆贝克职业队打球多年。伊万是个很棒的小伙子，并始终有个目标：成为职业篮球运动员。伊万的技术很好，但实际上他的身体素质不足以到德国最好的球队打球。原本是这样的……

但是伊万使自己变得不可替代。他是所有球员中训练最艰苦的，在每次训练中他都强迫自己的身体达到极限，争取去做球队的成绩贡献者。他从来不让身体懈怠，总是为球队服务。如果几周不能上场，他也从不抱怨。他总是为球队良好的气氛忙碌，即使是在大家都沉默的时候。

这种态度的结果怎样？

伊万·帕维奇6年里都作为巴姆贝克博泽篮球队的固定球员。在这期间他两次获得德国冠军杯，超过50次进入欧洲联赛，成为球队不可替代的一部分，并被载入德国篮球历史。

让自己成为公司中不可替代的人。成为大家都熟悉的人。去做别人感到可惜的事。比任何人都要更了解市场形势和竞争。勤奋地工作。发展你的领导能力，独立工作，承担责任。不要对早来或者晚退感到不公平。

有哪个老板会放弃这样一位员工？

这都是你的全部责任。

自认为聪明的人此时会喊：

"每个人都是可以替代的。"

是的，没错。或者也不是……

思考：

如果你改变的话，生活中的一切都将得到改善。只要你自己不改变，生活中的一切也将不会改善。

我们必须总是并一再地提醒自己这点……

克里斯蒂安·毕绍夫对于"百分之百地负起责任"的要点总结（本章小结）

* 对你的人生百分之百地负责任。
* 站在镜子前，看着自己的眼睛说："我，只有我对我所见的一切负责。"
* 你对你到现在的一切和将来的一切负责任。
* 大多数人在对自己的行为负责前，宁愿千百次寻找借口摆脱责任。
* 如果只是一直在抱怨，你的生活就不会开始改善。
* 你一直有做决定的自由——你怎样处理特殊情况，你对改变做出怎样的反应？
* 所有人都是自己决定的。而最后总是成功者承认这点，失败者直到生命尽头也不承认这个事实。
* 你想要改变自己的生活吗？那么就改变自己，使自己成为不可替代的人。
* 如果你改善自己，你生活中的一切也就随之改善。只要你不改变自己，你的生活就不会有任何改善。

NO.2 没有自律不可能成功

● 生活中的许多事不需要天赋,需要的只是决定和自律。两者都存在于你态度的力量中。

● 不要低估你生活中的自律能够取得的一切。不要低估其他人通过自律能够实现的。

● "纪律就是一切!"

没有自律不可能成功

纪律就是一切！
　　——赫尔穆特·格拉芙·冯·莫尔特克，普鲁士陆军上将、指挥官

　　那一天,卡斯滕·塔拉站在训练馆里参加我的训练,看起来就是个非常普通的男孩。他曾经比其他人都矮一些,在身体发育上落后于其他队员。他也没有能让教练立即发现的出色能力。所以他在年轻时代只入选过一次混合代表队——他跟着我在巴伐利亚成年组混合队打了一年球。

　　第二年,他所在的年龄组进入分级,负责教练把他排除在主力阵营——当时有更具潜力的球员外。那时卡斯滕·塔拉根本没希望进入德国国家队。

　　有一次国家队教练蒂克·鲍尔曼批评我对球员要求过于严厉。沃尔夫冈·海德尔经理甚至问我为什么要那样去要求队员。

　　混合队的每次分级都不会考虑卡斯滕·塔拉。每次,最好的情况下他会站到第二排。简单地说,在他年轻时期没人中意过他。

　　但是卡斯滕·塔拉具备一种极其宝贵的品质:他有出色的态度。他具有独特个性,如今是我们的社会无情地低估了它作为成功标准的重要性——自律。

　　他总是(我说的"总是"就是无一例外的)一年三百六十天在训练中严格要求自己,从不迟到,训练中充满令人敬佩的抱负——无论他在周末能替补上场多久,不在乎被混合队教练拒绝多少次。

　　一切都会在最后清算！

　　如今卡斯滕·塔拉是巴姆贝克的职业篮球运动员,效力于国家 A2 队,参加过欧洲联赛,并且是巴姆贝克观众最喜欢的球员。

　　他是如何做到的?

　　当然他有天赋。你不会在你根本不具备基础条件的事情上做得很好。

　　我永远不能成为职业舞蹈家,因为我完全没有协调性。卡斯滕·塔拉有天赋,但不出色。这点我很清楚。我有许多更具天赋的球员。他做到了,因为他有绝对的自律！

　　我在演讲中经常会问:

"有谁认为纪律是个坏东西?"

几乎没有人赞同。我继续问:

"那有谁认为纪律是好事?"

许多人赞同,但不是所有人。因此我痛苦地推断:"其他人就是对此没有想法。"

我们都知道纪律有多重要,但大多数人都做不到自律。

纪律就是一切!自律是通往你生活中所有成功的钥匙,它决定你或早或晚实现你以全部意愿希望达到的目标。

自律是在别人规定之前自己设定的原则。

——艾哈德·布兰克,德国医士、作家及画家

自律不是对大师、教练、老师或者老板俯首帖耳的跪拜和不假思索地履行他们的命令。这不是自律,而是个没有大脑的十足的傻瓜。

自律简单的定义是:

时刻去做你当时必须做的事情。

> 我对自律的定义:时刻去做你当时必须做的事情。

这是你通往一切成功的钥匙。

当我在演讲中这样定义自律时,我的目光投向听众并总会在他们的脸上读到同样的问题:

"毕绍夫先生,自律具体是怎样的?"

我以一个直观并且简单可行的例子来解释这个定义:

假设你40岁。最近20年你终日无纪律地度过,你的体重逐渐并且不断地增加。

你发现你的健康一点点变得糟糕,起先你并没有注意。你时刻紧抓住那名叫"内心的猪猡"的懒朋友和最好的同志。我们经常不注意这些微小的消极变化,因为这个过程总是在一段漫长时间里潜滋暗长。

你要提防它!

你现在40岁,到医生那里做例行检查。

你的医生担心地看着你的双眼说:

"如果你还想保持精力充沛和健康,那么你要保持每天锻炼20分钟。"

你的心情感到不适,通过医生的神情你知道他是严肃并且为你好的。除此以外,你心

里清楚你应该尽快做出改变。你只是一直没有勇气去认识自我,只是需要另一个人来告诉你事实。

你要知道有个有趣的原则:

经历了一次心肌梗死并生存下来的人更容易长寿。

你知道原因吗?

他们死里逃生并且经历过那有多么糟糕。如今他们有了一个重要的认识并对自己说:"我受够了,我受够了自己的懒惰、我的脂肪以及我缺乏运动的事实。"

然后他们在镜子面前观察自己的身体并对它宣战:"从今天起我要活动你,要去绿色食品店,我要求你每天做俯卧撑,直到你的面容变得红润。每天早上我要把你肥硕的屁股从床上拉起围着住宅区跑步。我锻炼你松弛的肌肉,直到它酸痛。你,不矫健的身体再也不能让我担心心肌梗死提早结束我的生命。"

是的,你的大脑对你的身体说这些。请你尝试这样做。你的头脑总是比你的身体强大。

这类人经常在一次心肌梗死后一夜之间采用了另外一种生活方式,并会长寿。

回到你的情况:

你看着医生担忧的神情——在那一刻万念俱灰,你想要改变。这是决定性的。你一定想改变!

为了恢复健康的体格,你想要每天锻炼20分钟。接下来你关注你的日程表并确定:我每天的工作安排太满,以至于我只有在起床后直接锻炼,才能完成每天20分钟的任务量。因为傍晚我的孩子、我的家人和我的其他爱好及责任还在等着我。

好!这是你的计划!此刻起效的还有自律!

自律就是"时刻去做你当时必须该做的事"。

简单地说,每天做20分钟运动。

"在你必须那么做的时候。"

也就是每天早上起床后,就像你计划的那样。不要推延并说:"我晚上回家后再去做。"你在欺骗自己,因为下班后你不会再做运动:傍晚有你的孩子、妻子和上千件其他的事情等着你。

你认为会有多少人真正坚持实施这样的一个计划?

不到10%!

大多数人在去看医生之前心里就知道自己该多做运动。但是他们没有做。

为什么没有?

因为在知道和将所知付诸实践之间有很大区别。

请回到我们的第二点,为什么有的人不成功?

因为他们懒惰!

你还惊讶于为什么很少人能发掘他们的全部潜力？因为没有自律无法成功！

自律是成功最重要的组成部分。

——杜鲁门·卡波特，美国作家

人们经常在内心里认为某事复杂到我们无法理解。
不是的！其实很简单！你决定你想要什么，然后时刻去做你当时必须做的事！
你想精力充沛，身体健康？
每天坚持运动，提高心率并且吃得少、健康并且均衡！
你想有一次难忘的旅行，但苦于目前没有钱吗？
你决定在某些事情上节省一些（例如香烟或者快餐食物上），每天省下这笔钱（或者某一数目的钱数），并存放在一个单独的储蓄罐里。直到你攒够了这笔钱。
你想在晚年经济独立？
那就在每月底拿到工资后将第二笔开支付给未来的自己好了。由你决定你要将收入中的多大一笔在被花掉之前存起来。每月都要这么做！这时你也许要问："那我要把第一笔付给谁呢？"税务机关。你要纳税。
你要做某事，但在这件事上你需要别人的帮助？
每天向一个人求助，直到你得到足够的帮助。
你早就想写一本书，一本足足有350页厚的书？
每天起床后写一页。就一页。如果这对你来说还是太多，那就只写半页。一年，最多两年后你就完成了这本书。这多么简单。
个人成功的定义很简单。你不必是世界冠军或者在奥运会上夺得金牌。如果你确实是那样，那你会赢得我崇高的敬意。但这并不是基本条件。成功很简单，成功就是在合理的期限内取得一定的进步。

成功＝合适的期限内可测量的进步。

> 你看，所有这些事都不需要天赋，需要的只是决定和自律。两者都取决于你自己——来源于你态度的力量。

你知道许多人最大的自欺是什么吗？
是你在除夕夜为新年做的美好计划。
欺骗自己的谎言："明天起我要戒烟！"
事实：只坚持一周。

谎言："明天起我要减肥。"
事实：在面对下一次自助大餐时意志变得软弱。
谎言："明天起我要锻炼。"
事实：再次沦陷为电视机前舒适沙发的牺牲品。
你是个骗子！
你每年都在说谎。
而事实是，在今年除夕你很可能再次做出计划。
还有一个生活原则是我们不得不考虑的：
你现在的所有行为会影响你未来的行为。下了决心之后不久就中断原本很好的打算，那你在以后会越来越不自律。你的潜意识知道你并没有坚持计划的自律。逐渐地，这种不自律将夺去你的自信和内心的坚强。
如果你有一次成为了牺牲品，那你在未来更不容易履行计划。
在我的演讲中我这样解释自律的重要性，我手里拿着一瓶装得满满的水瓶说道：
"这是一个装满水的瓶子。水代表你的天赋。经证实每个人有三到五个出众的天赋。每个人能在某个领域相当成功。永远，永远，永远都不要让别人对你说这可未必的。如果你认为你没有出众的天赋，那是你还没努力去寻找和促进它。"
听众中一片专注和沉默。
"而大多数人如何对待自己的天赋？他们每天是这样做的——"
我打开水瓶，把水倒到地上。
紧接着我说：
"大多数人每天在浪费他们的天赋。我要怎么做能把这水接住并喝掉？我需要一个杯子。"
我拿起一个杯子，倒进去一些水。
有时会有人诙谐地喊道：
"我不需要杯子，我直接用瓶子喝！"
我回答他道：
"你也用咖啡壶喝咖啡吗？原本我打算带来一整壶咖啡，但我又决定不要把公司的地板弄脏。"
听众们笑起来。
接下来我说：
"现在我能接住这水并享用它。"
"干杯！"
这时，水代表生活中你的天赋，而杯子代表自律。
"宁愿你是一个没有完全装满水的瓶子，也就是说你的天赋不及竞争对手或挑战者，但这并不糟糕,如果你生活中每天带着一只杯子,即坚持遵守纪律,时刻做你当时必须做的事,最终你会比那个装满水的瓶子但却没有自律的人收获得更多。"

你知道吗?

一定是这样。我亲身经历了数百个例子。

让我们再来看一下起初的例子:卡斯滕·塔拉要强于大多数更具天赋的同龄人。

他个人成功的最根本原因是什么?

多年的自律!

上一章我给你们讲过伊万·帕维奇的例子。遵守纪律的他成为德国冠军巴姆贝克博泽篮球队的主力球员。

他个人成功的最根本原因是什么?

多年的自律!

施特芬·哈曼是现今德国国家队最重要的核心球员,并带领球队参加了北京奥运会。在他17岁时,一位联邦教练十分确定地说:"这个施特芬·哈曼不会成为国家队队员。他没有足够好的弹跳技术。"

施特芬·哈曼个人成功的最根本原因是什么?

多年的自律!

巴姆贝克博泽篮球队成功的经理沃尔夫冈·海德尔以惊人的自律从无名小卒成为德国甲级联队最好的经理。

沃尔夫冈·海德尔个人成功的最根本原因是什么?

多年的自律!

这些就是我在篮球界里亲身经历过的例子。也许你并不熟悉所有名字。

这很好。因为如果我是第一百个给你讲那些陈词滥调的精神导师,你根本不会有什么收获。

我给你讲的是来自于日常的例子,是像你和我一样的人。

我曾生活在篮球界。

你生活在你的圈子。我确信你在你的工作环境中也会找到类似的例子。

> 永远不要低估自己生活中的自律所能获得的一切。永远不要低估别人通过自律会取得什么。

如果你现在还在迟疑,那是因为你也许还没有在生活中尝试过。所以说你缺少经验。请你试一试!你只生活一次!

自律的人知道自己在做什么。
——艾哈德·布兰克，德国医士、作家及画家

我们每人每天都要承受两种生活痛苦中的一种。
你知道是哪两种吗？
它们是：
自律之痛和遗憾之痛。

> 你在生活中必须承受这两种痛苦中的一种：自律之痛或者遗憾之痛。

让我们回到那个"40岁看医生"的例子（当然完全是虚构的），让我们设想你是这位40岁的人。

如果从明早起你睡眼蒙眬地从床上爬起来去做20分钟晨练，那你每天早上必须承受的这点小痛苦就是自律之痛。

你必须克服这自律之痛。你必须忽视内心的声音，因为它会对你说："继续躺着吧！外面还黑着呢，外面很冷，下雨了，下雪了，你会着凉的。"

你不能听从这个声音。相反你必须立即开始晨练。因为随后就会产生极大的乐趣：当你在清新的空气中跑上3分钟，你就会感受到能量、活力和身体里的力量。自律之痛得到抵消。跑步开始带来乐趣。

如果10年后你因为心肌梗死而躺在医院里，那时你必须承受的便是遗憾之痛。因为你没有听医生的话，没有每天自律地去进行20分钟的锻炼。这时你在医院的病床上悔恨地回首10年前并对自己说：

"如果我能聪明点，能听医生的话……"
太迟了！你一定很久前就亲眼目睹过这一幕！
或者你想要亲自上演这一幕。
你该感谢我，因为我已经给你呈现出这个最糟糕的情景。
因为自律之痛纵然有些分量，但遗憾之痛会像千斤重担一般压在你的双肩上。
遗憾地回首过去并说："如果我这样或那样做了……"你认识这样的人吗？
这便是遗憾之痛。
大多数时候你不会注意，因为这些人没有勇气表达真实的认识。
请你准备好承受自律之痛，去做你一直想要做的事！
我是为你好。

我想你做到最好。

我想那个虚构的例子不会在你的生活中成为现实。

愿望——想做的事。

能力——能做的事。

意愿——务必做到的事。

请你记住下面的三个词。

只有当你完全肯定这三个词时，你才能发展对待原则的正确态度。

愿望(想做的事)

人们都想在生活中更加成功吗？

当然是！

你想在生活中更成功吗？

每个人都想并且多数时候承认自己想。坦白地说，我还没遇到过不想更成功的人。

能力(能做的事)

人们能够更加成功吗？

当然能！

你能在生活中更加成功吗？

答案是肯定的，你完全可以。每个人都有能力改善自己。无论你现在处境如何，我们都能够取得更多，做得更多。你拥有难以置信的潜力。你对此有能力，你能做到。问题在哪儿呢？

意愿(务必做到的事)

问题就在于你的意愿！

所有人都有强烈的意愿去取得更多成就吗？

人们想得到他们能够获得的成功吗？

不是！

为什么是这样？我不知道原因并因此把它称作"生活的秘密"。

决定性的问题从不是"人们能否更加成功？"当然每个人每天都能够改善一点什么。

关键的问题是"人们是不是有强烈的愿望这样做？"

这很简单。你一定已经常在问，为什么自己在某个生活领域没有获得更大的成就。就让我们先来看看健康这点。一位女士问自己："我为什么没办法减肥？"

真实且简单的答案是，这位女士根本不想减掉她多余的脂肪。

她没准备好去做能够让她的脂肪层消失的事。这点是她在公众中不愿承认的。也许她甚至会在她的女性朋友面前有原则地执行饮食计划。但是当她一个人时，会发生什么？

没人会看到她在傍晚如何走到冰箱前。

没人会看到她在那里往嘴里塞了什么东西。

但是大家都对此感到惊讶：为什么这个有原则的女士没能成功减肥？

不，她不是甲状腺机能减退。

真正的原因是：

她内心里根本就缺乏减肥的意愿。

每个人都能够做到！你也能！然而只是不是每个人都能有坚定不移的意愿！

因此也许你此时的生活就如现在这样，因为你根本没准备好去做此刻你必须做的事情。

自律就是去发现意愿的能力。

——佚名

以不满足为动力

也许上述的例子使你对自己感到不满。这是好事。因为这就是你的起跳点：

如果你一直满足于现状，那你的生活不会发生任何改变。你只有感到不满时，才会做出改变。

自满使你变得散漫、懒惰和轻浮。

不满唤起改变。

我是在刚开始从事教练事业并全心专注于使自己尽可能快和最大限度地去获得专业知识的艰苦过程中亲身体会到这点的。

成功对我来说还有另外一个定义：

周末获胜＝我是个好教练。

周末失败＝我是个差劲的教练。

在我职业生涯开始的几年，我的球员是我取得成功所使用的工具。直到有一天一位年长且成功的球员对我说：

"克里斯蒂安，你必须学学如何与人交往。正确地引导别人比专业知识更重要！"

砰的一声，真是一语中的！来自一位我非常尊敬的球员。这席话在那时伤害了我。那一刻，也是在那之后我的积极改变开始了。

在做出改变之前，我们都必须首先面对事实。如果满足于自我，那就没有什么能改变。你必须先感到不满。如果身边还没有让你感觉不满足于对自己潜力和可能性发掘的人，那么就由你自己来做！

问问自己：我还能完成/取得/学会/见到/经历……些什么？

关心自己的身体是不是不再舒适。如果你感到不适，那么你会开始做出改变。不这样认为的人则是在欺骗自己。

我要借助一个例子来使你明白：

你正在读这本书，你穿着某一套衣服。只要你还觉得舒适，你就会一直穿着它。当你觉得穿着它不再感到舒服时，你会脱掉或者换上其他的衣服，直到你再次感到舒适。

我们假设你坐在温暖的起居室里。屋外寒冷至极。半小时后你要去散步，你会穿上厚厚的外套、戴上手套、帽子、穿一双暖和的鞋子，或者穿得更多，直到你在室外散步时不感到冷。随后你回到家想要淋浴，你会脱掉所有衣服，因为只有这样站在莲蓬下才舒服。之后你想继续在起居室读书，你穿上使你在那里再次感到舒服的衣服。在穿着风格上只要你感到舒服，你就不会做出改变。

穿衣是这样，我们生活中的一切都是如此。

> 只有当我们感到不适时才会做出改变。

当你坐在椅子上，请观察你何时和多久会改变坐姿和位置！一定总是在你感到姿势不适时。

付出和收获

每个人都应该理解付出和收获的规律。如果我们想要获得有价值的结果，那就必须准备好为此付出。

嗨，醒醒！

生活中没有免费的午餐！

所有收获都要求你有所付出。

我认为如今许多人没有做好付出的准备，因为他们没有看到值得的结果。

没有意识到对自己有价值的收获的员工，就不会准备好为公司做最大的付出。

售货员不会准备全力地付出，如果他没有意识到值得的回报，例如固定的佣金。

学生在学校不会努力学习，如果他不理解会得到值得的收获是什么。其实应该有个人清楚地告诉他为什么教育如此重要。

如果我们没有清楚地看到值得的具有吸引力的目标，就不会去付出吗？当然是这样！

但又有谁会在不知道最终得到什么时，坚持自律，坚持付出！

大多数人身边没有能把值得的结果带到他们眼前的人。

因此我们必须自己做！（参见章节《不要无所事事：发现个人目标中的力量》）

要求自己和别人守纪律

如果你处于领导位置,那你的任务是要求你的员工守纪律。你是老板,你要以身作则并要求所有员工遵守纪律。

你必须:

* 躬亲示范,自己首先做到自律。
* 要求员工做到自律。

榜样的示范很重要——但这还不够。你必须坚定地要求这一行为规范。这并不是说在你的公司推行愚蠢的"我们相亲相爱"的态度。你公司的意义和目的是盈利。这样你推行的就不是"圆圈舞蹈"的游戏。

我知道这很操劳。当一位员工拖延了几分钟午休时间,找他谈话比对自己说"唉,只是小事一桩。没什么严重的"要劳神许多。

不对,这事很严重。一切从这样的小事开始。一个小雪片有时会引发摧毁一切的雪崩。

当然你必须为谈话投入时间、精力和脑筋。并且许多人觉得找别人谈话并不是件容易的事。但是如果你放任有这种态度的员工,那么你就要与这位员工为公司不好的效益负责任。

你的员工比规定多休息十分钟?

你认为这是什么?

是盗窃!

没错,盗窃! 不是别的!

这位员工偷了公司十分钟时间,这十分钟是你支付给他去帮助公司盈利的。

再强调一遍:这就是盗窃! 或者更清楚一些:欺骗!

你不这样认为? 那么也许这就是你为什么没有成功或者不能有效领导别人的原因。

作为领导,你的任务是找这位员工谈话,指出他的错误行为。如果同样的情况再次发生,你要解雇他。

是的,你读到的没有错:你要解雇他!

因为他又一次盗窃。

这是你作为领导的义务。

如果作为领导你没有完成这个任务,那你的老板应该要求你汇报。如果你的老板没有这么做,那么他也要对效益不佳负责任。

日常生活中我们需要自律。我们同样应该要求他人守纪律。不守纪律是通往失败之路。你知道过去一路领先,后来又一步步衰落的公司吗?

你一定知道！

你知道有一天食物不再如以往那样美味的餐厅吗？在这里我指的不是起初规划失误并在一开始就注定会失败的公司和餐厅，而是尽管拥有品种和样式优良的产品但最终破产的公司。你知道这是为什么吗？

因为在这些公司中没有纪律。在那里，总有一天一切从小到不值一提的不守纪开始！不值一提的！

但是这些小的不守纪事件会随着时间变大，直到发展成为流行病，成为足以"杀死"公司的瘟疫。

请相信我，我知道自己在说什么。我亲身经历过。我将仔细告诉你这个例子。请你一同思考，因为之后你会明白纪律有多么重要。

年轻时我在市里地段最好、最有名的餐厅做过几年酒吧侍者并在吧台工作。是一个朋友唤起我对这份工作的兴趣。当我结束了数周的侍者培训时，这家餐厅还很新并且每天客满。酒吧侍者职位的应聘者站着长排，每个人都想在这家餐厅工作。鸡尾酒调酒师的培训紧张且无聊。食物的品质和优质的服务是这家餐厅最重要的要求。所有的事情都有固定的流程，我们甚至被告知必须朝哪个方向擦拭葡萄酒杯，以便确保看不到水印。要求标准非常高。老板对我特别关心、严格要求和给予鼓励。几个月后我通过了吧台考试并可以开始靠我的新工作赚钱。我知道我在城市里最高级的鸡尾酒酒吧有了一份工作。我很骄傲，为我的工作骄傲，为我的老板骄傲。

但是不久后，一切开始走下坡路。有一天一位同事上班迟到了，却没有受到责罚。在那之后不久的一天，吧台不再像原本那么干净，随后储藏室不像要求的那么仔细整理。几个月后有一小笔账目没法对账。都是小事而已。总是发生在不同同事身上。总是小事而已。但老板从来没有重视过这些小事——沉默，不要求当事人汇报。最后该发生的发生了。其他同事注意到这些小小的不当并对自己说："如果这样也行，那我为什么还要那么做？"

慢慢地，像传染病一样，这种松懈下来的纪律从吧台蔓延到服务生再到厨房。在这不易察觉的过程中，食物和鸡尾酒的质量、服务质量和餐厅的洁净度在下降。慢慢地客人发现了这点，餐厅从一开始周五、周六的水泄不通，到两年后只是满座而已。

没什么糟糕的，是吗？

几年后，这家餐厅不再几乎爆满。那时老板沉不住气了，并对他的员工大发雷霆。但早已为时已晚。因为我们员工对此完全无所谓。我们都习惯了这种糟糕的工作风格。此外我们觉得老板在这种困难的形势下需要依赖我们，而不是我们要依赖他。老板的怒火没有效果。无纪律的工作风格早已习惯成自然。他必须立刻换掉全部人马。我们的工作场所是大家会友、玩乐聚会的固定地点。与工作无关。

工作？那是什么？

不久后我结束了在那里的工作,因为我搬家了。从朋友那里获悉三年后老板不得不卖掉餐厅。他破产了。

这个例子太夸张了?根本不!这是常见的实例。你必须将无纪律性扼杀在萌芽时期,在它像瘟疫般蔓延在你的全体员工当中之前。你能够坚决地惩罚一个小小的不守纪行为,但你永远不能掌控一场瘟疫。

你知道这句话:

扼制在萌芽期!

我在做教练时犯过一次这样的错误。一个赛季我带领一个非常非常好的球队,球员有天赋、有抱负去夺得德国冠军。大家万众一心,齐心合力。接近赛季尾声时队里来了一个"超级巨星",他的个人能力明显好于其他所有队员。

这位"超级巨星"应该帮助我们赢得德国冠军。

当你的球队来了一位新成员,队里的气氛会时刻发生变化。你了解这些。这个"超级巨星"想要显示自己有多棒并稍微表现出浮夸,他的行为方式是其他队员不敢表现的。

例如我们在训练中有规定的喝水时间,那时所有球员必须补充水分。身体需要水分,许多人不能估计身体的缺水程度。如果身体水分没有得到及时补给,那运动便会受到影响。我们的"超级巨星"拒绝喝水并在这期间带球做轻率的蠢动作。在这种情况下我笨得没有去干预他。我当时确信我的球队足够团结,像这种事绝不会影响到我们。然而,所有球员清楚地看着我们的"超级巨星"在做什么。

请你不要误解我,这不算什么明显的不守纪律。那位"超级巨星"也像其他队员一样仔细听我的话。那是很小的、不明显的、经常不易察觉的事情。它们是尤其危险的!

第二天我们的"超级巨星"没有像其他人一样训练前在更衣室换好衣服,而是在训练馆里换衣服。

在往下一场预选赛的途中,他光着上身坐在助理训练员大巴上。

我都没有干预。该发生的事来了。当到了关系冠军的比赛时,这个球员无法唤起能力,作为一个团队我们一同下降。最后我受够了,我必须把他逐出球队,然而其余队员突然也无法像四个月前那样进入比赛状态。微小的不守纪律和不专注付出了应有的代价。

一周后我得知那位"超级巨星"在比赛后大声地在更衣室抱怨。他指责该别人对糟糕的比赛和落后的成绩负责,只是不考虑他自己。你猜他真正该抱怨的人是谁?没错,是我!

我知道那不是我们在那个赛季没有实现"德国冠军"目标的唯一原因,还有无数其他的原因,但那毕竟是一个原因。

一个重要的原因!

你猜在那个赛季后我责怪最多的人是谁?

是我自己!

因为我是那个没有将微小的无纪律性扼杀在萌芽中并默许它演变成一场袭击了全队的疾病的那个人！

因为在体育比赛的至高点上，没有教练能够治愈感染了全队的疾病！那时已经太晚了！

那是我的错，因为我本可以严厉要求那些必要的纪律。

刚刚我给你讲述了我生活中的一个消极的例子，下面让我们再来看一个有关纪律的积极事例。

去年夏天我获得一个巨大的荣誉——能够执教德国国家青年队。我们在马其顿斯科普里参加欧洲冠军杯。在那里我们一共要待17天。在这期间除了训练馆和酒店没有别的地方可去。尽管我们每天有一场球，但在这样的比赛中一天也显得很漫长。在入住的那天我发现，酒店让人完全没有舒适的受款待的感觉，我决定，在这足足两周时间里用力量和耐力项目监测自己的自律性。我为自己制订了一个计划，包括：

每天至少慢跑30分钟。此外，每天还包括下面的力量训练：150个俯卧撑，500个仰卧起坐，250次不同的背部练习，每只腿50个单腿屈膝，50个单腿小腿负重抬起，50次蹲起。

我为自己做了个表格，每天每个练习有对应的空格，当每个练习的最后一个动作完成，我才能在那儿打钩。我把这张纸条挂到房间里床边醒目的位置。

前三天没有问题。但从第四天起我必须试图用折磨自己的方式坚持完成每天的额定任务。

内心里有个声音在对我说："克里斯蒂安，你今天不用再锻炼了，你的身体已经够好了。"

那时只要看一眼墙上的纸条就能够消除这声音的诱惑。如果傍晚上床睡觉前没有在每项日常计划边上打钩的话，我将无法面对我的自尊。

书面的列表激起你的自尊。因此你应该总是把你的计划写下来。

当我两周后回到德国时，我的女朋友立即问我是不是在马其顿"做了什么"。我的上身在两周时间内发生的变化足以在第一时间被她看到。

没有自律不可能成功

确实是这样！无须多言！

如果你是自律的，

那你会实现现实的目标。

如果你的目标得以实现，

那你会感觉更好，更加自信。

带着这份自信你会有新的、更大的目标……

你还能实现它。
在实现新的目标时你发现，
生活确实掌握在你的手中，
你能够去往，
你想要去的地方（如果那是现实的）。
当你到达你想去的地方……
在那里你感到自由！
就是这么简单。
一切始于自律。
带着你的自律！最后也就是要你从今天起坚持下面的原则：
去做，
你必须做的事，
在那一刻，
你必须那样做的时候！

克里斯蒂安·毕绍夫对于"自律"的要点总结（本章小结）

* 自律简单地说就是时刻去做你当时必须做的事情。这不是坏事，而是你一切成功的基础。
* 在知道和将所知付诸实践之间有很大区别。
* 生活中的许多事不需要天赋，需要的只是决定和自律。两者都存在于你态度的力量中。
* 不要低估你生活中的自律能够取得的一切。不要低估其他人通过自律能够实现的。
* 你在生活中必须承受这两种痛苦中的一种：自律之痛或者遗憾之痛。
* 决定性的问题不是"你是否能够更加成功？"最重要的问题是"你是否有强烈的意愿想要更加成功？"
* 在改变之前，我们大多数时候必须首先面对残酷且直接的事实。没有人在满足于自我时做出改变。我们必须首先感到不满。
* 请你要求自律，首先是自己，然后是别人。
* 没有自律不可能成功。

NO.3 没有工作重点,时间就会像沙子一样从手中流走

●压力只来源于一个事实:你知道自己必须做什么但做了其他事。

●关键的是重点,而不是时间管理。

●决定性的不是你工作多少小时,而是你每小时的工作有怎样的效率。

没有工作重点,时间就会像沙子一样从手中流走

此时最流行的研讨会话题中的两个是时间管理和压力管理。德国数百位训练师靠这两点赚足了银子。

我要告诉你,对这两点都要极其小心。你不需要研讨会。实际上你内心里清楚什么是对的。

探讨原因是最关键的

让我们先来讨论压力。

谁愿意享受压力?

没人愿意。

那么我来问你:

为什么你要学习对待生活中根本不想要的事情?

压力带来持续的紧张,思考受限,心脏循环疾病和身体上的筋疲力尽!我只想摆脱所有这些后果。你呢?

压力来自于哪里?答案很简单。从拉里·温格特身上我学到压力只来自于唯一一个事实:

你知道你必须做什么,但却做了别的事。

这就是压力,不是别的。真的!

> 你感到有压力,只是因为你没有做自己原本必须做的事。

你不相信我的话?

这种情况在青春期就已经开始。我们知道为了迎接考试必须努力学习,但却没有那么做。考试的那天我们紧张地坐在考场里并对自己说:"我是因为考试才紧张。"

真是那样吗？你紧张的原因并不是考试，而是你准备不足的这个事实。你知道你本该做什么，但是却做了其他的事情。

我做教练的最初几年，在一个赛季我手下有个性格非常差劲的队员。他不听教导并在场下公然做出许多我不喜欢并有害于球队的举动。这个队员带给我几周的压力。但并不是这个球员要为我的压力负责，而是我几周来没有找他谈话，没有给他规定明确的界限的这个事实。这些是我感到紧张的原因。我知道我必须找他谈话，但却没有那样做。我没有坚定地那样去做，我迟疑了。伴随着每天的被动情绪，我内心的压力越来越大，同时还有我的不满。

那是我的错，不是我的队员的错。

人本没有压力，压力是由人自己制造出来的。

——阿巴·艾莎，随笔作家

这点认识来自于我的自身经历：多年来我的经理即雇主以他的高要求，不断的批评以及背后的不良言语，完全没有夸奖地将我置于压力下。

我曾生他的气，经常讨厌他，有时候我感觉很不舒服并认为他该为此负责："所有压力都是他给我的。"我用手指着别人并把责任推给他。如今我知道那完全错了，为我的压力负责的人是我，因为我从来没有对他直接说出这些不满，没有给他指出界限。我本该那样做。

现在你会回驳道：

"我那么做了！我的老板对此根本不关心，他给我大量工作，压力是不可避免的。"

即便在这时，你的老板也不是主要责任承担者，而是你。你有没有真正和你的老板仔细定义过你的任务范围？你有没有讨论过是不是还需要额外帮助？

人们可以和大多数人非常理性地讨论，如果你实事求是、不情绪化并且公平地面对讨论。

事实也是这样：

你从事一直给你带来足够乐趣的工作，否则作为自主的人你该早就找到一些其他的**事……不是吗**？只要你还继续这样妥协下去，那你就该为你的压力负责，因为你接受这样**的工作条件**。

你最后一次对你的老板说"不"是在什么时候？

"不，这对我来说太多了！"

"不，这个我不能完成。"

"不，这不属于我的工作范围。"

如果你真的压力过大，那很有可能是因为你还从来没拒绝过。

为什么不拒绝呢？

因为你害怕！

也许你立即会想到可能出现的最糟糕的情景，老板做出怎样的反应：他高声呵斥你，他使你在其他同事面前丢脸，他开除你。

大多数时候这都完全是胡说八道。

我们人类有天赋总是把某种情况想象得尽可能糟糕。

这是不会发生的。如果你工作业绩优秀，那么你是不可替代的，并且你的老板也会回应你。但是你必须鼓起勇气！

> 压力也有一些好处：它给人被需要的感觉。
>
> ——佚名

对于有些人，处理困境经常是主要任务：批评谈话、员工对话、顾客投诉等等。这时你的压力来源也不是谈话或者顾客。

请你想象下面的情景。无论哪个顾客或者员工因为什么事情来到你身边，你总是能很有把握并且不动怒地对待和处理，这样的会面还会引起你的压力吗？

不会。

压力的原因是你没有专业的学习过你该如何处理这样的情况，你该怎样反应，你要说什么。该负责任的是你，因为你没有学习过。

还有一点经常被提及的是自身的体重。这里，压力的原因也不是你的体重，而是你对吃的态度以及缺乏运动的事实。你知道你该少吃些，该多跑步，但却没有那么做。

> 智者不会过于劳碌，过于劳碌的则不是智者。
>
> ——欧沃·维克斯特罗，瑞典宗教哲学家、心理医生

没用的时间管理

时间管理就是胡说八道。

目前有许多时间管理培训导师蹦出来指责我："他怎么能说这样的话？"

非常简单，因为这就是事实。

每天你一定会说一次："我没有时间！"

你是在说谎！

我来告诉你事实：时间是这世上唯一一样所有人每天拥有同样多的东西。

我们不是都拥有一样的智慧，一样的经济条件，一样的人脉和交际圈，一样的家庭背景，一样的机会和可能性。你没有和总理一样的机会。来自发展中国家的人也许视为难得的机会，而你已经自然地在享用。

我们同样拥有的，唯一的不论贫穷或者富有，受过教育或者没有，受欢迎或者不受欢迎，来自德国还是非洲……的，是每天的这24个小时。

这样，事实就是，只要你活着，你就拥有世上的时间。

我们都是每天只有24个小时、每周7天、每年365天。每个人拥有一样的时间。时间不能够被管理。首先你根本不要用"我有时间做"和"我没有时间去做"的这种想法思考。这只能让你感到失败并根本不能使你进步。无论如何你都不能得到更多时间。借助这种方法你只是在增加压力。你不能管理时间。

> 我们拥有的时间并不少，而是有太多时间没有被我们利用。
> ——吕齐乌斯·安涅·塞涅卡，罗马哲学家、剧作家、政治家

决定一切的是你要确定重点。你必须明确定义什么对你是重要的，什么不重要。我们从不会因为缺少时间而失败，我们总是失败于对重点的定义不当。请你界定今天最重要的是什么，去做它，去完成它，时间问题自然得以解决。

关键的是找到重点，而不是时间管理！

你会熟悉以下的情景。你看望朋友，那些你很久没有见过的朋友。你在门口被迎到屋内，你听到的第一席话是："很抱歉，我的房间太乱了，我没有时间收拾。"

不是那样。我们都有时间收拾房间，如果我们想的话。那么就请你把握时间。

房间没有打扫，因为这不是他最重要的事。对于他，别的事更加重要。如果在客人来之前打扫房间是绝对重点，那他就一定会有打扫的时间。

> 我们总是完成那些我们务必想要完成的事，那就是我们的重点。

我们拖延那些对我们不重要的事。因此我的房间同样像猪圈一样。你不要来拜访我。

你的整个生活很多时候都按照这个原则运作。

当我和国家篮球队教练以及德国最成功的篮球教练蒂克·鲍尔曼一起工作时，对我

来说这次合作非常重要。蒂克可以在凌晨三点钟打电话给我,请求我的帮助。其他人的话我可能会把话筒扔到一边。请你设想你是靠最低收入生活并受够了这种生活方式。你不想尽管每天努力工作超过十二小时,到头来收入还入不敷出。我推荐给你一本书并预示你会走出糟糕的处境,如果你在生活中实施书中的内容。

你会去读这本书吗?

当然!你的生活塞满了别的事情,尽管如此,你会找出时间来读这本书,因为它是你绝对的重点。你受够了你目前的生活,你准备好去改变并将每条善意的建议付诸实践。

这不是很有趣的吗?

许多人问我:"我怎么能变得成功并富有?"非常简单,在学习成功和富有中找出一个重点。阅读你拿到手里的那本书。静静倾听尽可能多的有声读物。多结识成功且富有的人并与他们交谈,直到你也同样成功和富足,就只是时间的问题。每个人在他的生活中总是朝他思考最多的方向前进。这是自然而然的。

没有时间只是自我重点的掩饰。

——达玛丽斯·维泽尔,德国抒情诗人、作家

但是大多数人总是找不出时间去读所有的书,去听有声读物,去结识成功的人。这些人也永远不会成功。为什么呢?因为他们的个人成功对于他们根本不是重点。对于他们更重要的是看电视里的脱口秀、游戏、美食和烹饪节目。这些是他们的重点。结果是他们背得出这些电视节目的内容,但却不知道他们自己怎么能够得到改善。

因此重点也和能力无关。设定自己的重点是一个态度问题,只有你对它负责。

设定自己的重点是一个态度问题。

你没有时间给父母和亲戚打电话?没有时间和朋友聚会?没有时间和伴侣去浪漫约会?没有时间运动?没有时间照料花园?

没有时间,为什么呢?!因为这些事在你看来不是重点!

你作为热情的粉丝来到足球场?好吧,那你有时间这样做,因为这正是你的重点。

永远不要衡量你有多么繁忙,永远不要停下你不停工作的时间。许多人整天忙碌,但他们到底在做什么?

大多数人一生都在一个圈子里打转。

他们做出了什么成绩?关键的不是他们工作了多少小时,而是他们每个工时有多少

成效。你要提高的是工作的效率。你要将重点放到这上面。

在德国我们的社会问题是我们不能设定重点。我们德国人是紧盯富足和成功,这是我们所有人想拥有的,并且最好是立即拥有的。

因此我们也拥有一切……

至少是一点……

我们的生活也是同样,我们对所有事都一知半解。

但我们从不真正聚焦在某件事上。

这既发生在工作中,又在傍晚观看电视节目上有所体现。

你听说过紧急性专制吗?美国总统艾森豪威尔设计了一个简单的重点原则:

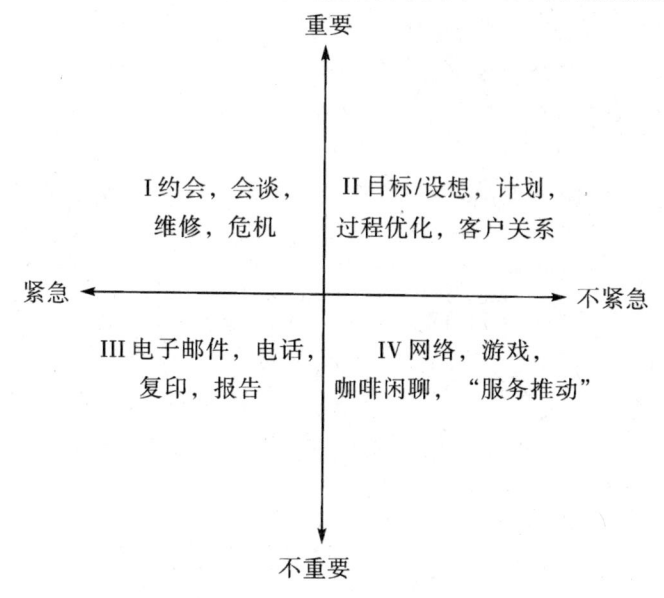

```
                        重要
                         |
                         |
        I 约会,会谈,     |  II 目标/设想,计划,
           维修,危机      |     过程优化,客户关系
                         |
   紧急 ────────────────┼──────────────── 不紧急
                         |
        III 电子邮件,电话,|  IV 网络,游戏,
            复印,报告    |     咖啡闲聊,"服务推动"
                         |
                         |
                       不重要
```

每天你在工作单位做的所有事,都可以分配到两轴上:从"重要"到"不重要",从"紧急"到"不紧急"。

这样呈现出四个四分之一的象限:

第 I 象限中的事是重要且紧急的:约会,会谈,维修,危机。第 II 象限中的是重要但不紧急的:目标/设想,计划,过程优化,客户关系。第 III 象限中的是紧急但根本不重要的:电子邮件,电话,复印,报告。最后,第 IV 象限中是不重要且不紧急的事:网络,游戏,咖啡闲聊,"服务推动"。

在我的演讲中我经常问:

"你认为德国企业的员工在哪个象限花费的总时间最多?"

经常真的会有一个听众十分严肃地说:"第 IV 象限!"

对此我的回应是:"请你明天早上立即开除这样的员工!"

正确的答案应该是，大多数员工将时间花在第Ⅰ和第Ⅲ象限——那些重要和不重要，但总是紧急的事。这样就产生了压力。

如果我们一直处于压力下，如果我们感觉时间紧迫，如果我们没有足够的时间正确思考和计划事情，紧张会不断增加。

如果想要成为高效且成功的领导者的话，我们必须把大部分时间花在哪里？

在第Ⅱ象限——那些对我们的公司真正重要，但还不紧急的事情。

在这里你必须重视两个关键的原则：

第一，如果你在第Ⅱ象限什么都没做，那么那些还不紧急但是重要的事一定会慢慢移动到第Ⅰ象限内，变得紧急。那样你会突然感到出现了问题并有种不适的感觉，一种与紧急事件相联系的感觉。第Ⅱ象限也叫做质量的象限。这里发生最重要的活动，关于准备或者过程优化，是改善产品质量和公司的活动。

第二，来自第Ⅱ象限的事情不是从外部作用于我们——那时需要我们能从内部激活自己。请你这样做！在第Ⅱ象限变得活跃。请你立即决定明天要做什么，那些重要但还不紧急的事情。

再补充一下这里的命名。这个模式被称为"艾森豪威尔模式"，因为它来自于美国前总统德怀特·戴维·艾森豪威尔。他把他的工作按照这四个象限安排：

* 来自象限Ⅰ的任务需要自己立即完成。
* 对象限Ⅱ的任务规定精确的期限并同样自己完成。
* 派发象限Ⅲ的任务。
* 象限Ⅳ的任务放到废纸篓中。

艾森豪威尔模式：

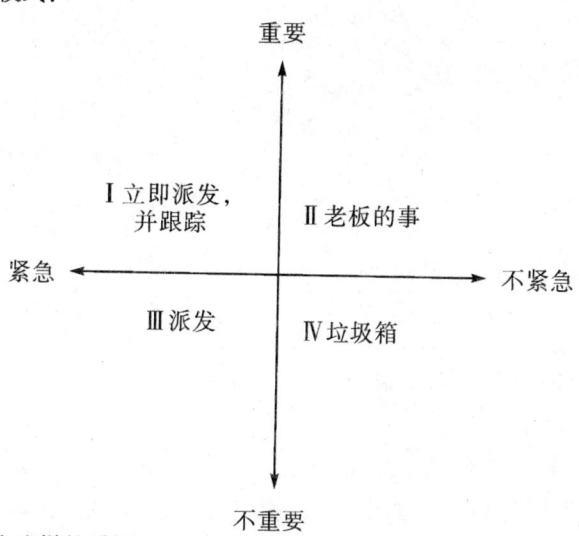

```
                    重要
                     ↑
                     |
        Ⅰ立即派发，   |  Ⅱ老板的事
          并跟踪      |
   紧急 ←─────────────┼─────────────→ 不紧急
                     |
          Ⅲ派发      |  Ⅳ垃圾箱
                     |
                     ↓
                    不重要
```

你可能会产生这样的质疑：

"这不行！我不在那个我可以分发工作的位置。我必须所有事情都自己做。"

那么你就以不同方式对待这个问题：

你知道你工作中最重要的而且必须完成的是什么吗？

如果每个公司最重要的事都完成了，那所有其他事就都是次要的了。

如果重点明确，做决定就容易了。

——罗伊·迪斯尼

你到底知不知道公司和你自己最重要的事情是什么？

不知道？

那你是在浪费时间、金钱和精力。你不要和任何人抱怨自己压力大，没有时间。

别再在这些不重要的日常琐事上耽搁，而是要问问自己："我到底务必完成什么？"如果你自己没有答案，那请你去找上司并请他给出明确答案。

不要给日程规定重要性，而是为最重要的事安排日程！ 为你最重要的事安排日程！

——赫尔曼·舍雷，销售专家和演说家

每个想要在经济界中承担重任的人，必须学习设定重要性。

——李·艾柯卡，前克莱斯勒公司董事长

成功清单

这里还有一个很实用的建议，因为你现在可能在想：

"毕绍夫先生，您所讲的这些智慧我也一直在做，我已经这样做了很久。我每天都有一个日程清单！"

你有日程清单？

如果你像大多数繁忙的人一样，那请在每日的开始列一个日程清单，记下你今天必须完成的所有事。接着你开始工作并满怀喜悦地在清单上把已完成的事勾掉。每勾掉一项都会有一股神奇的感觉流过身体，你感到一种类似高潮的成就感。在你的微笑中我看到，你对这种感觉太熟悉了。

但是"完成事情"与"完成正确的事"不一样。很少会有人坐下来思考他们清单上的事有多重要。我们的清单上有80%的事都不重要，那些是不能帮你取得成功的无关紧要的日常工作。那些不重要的事与乐趣和娱乐相关联并且持续的时间通常并不长。那些对你的成功至关重要的活动通常持续时间更长、更困难,也更重要。坦白地说,你生活中最重要的事是你日常清单中最少被完成的。立即清空你的日程清单吧。

取而代之的是每天早晨首先拟定一张成功清单。

将你的纸分成 1/5 和 4/5。在上面的 1/5 是 20% 的基本成功活动。

所有不重要的日常工作进入另一范畴。

请在建立成功清单之前,提出最关键的问题:

这项活动属于 20% 还是 80%?

请将你最重要的活动写到上面的 1/5,其他的写到下面的 4/5。

这样你可以要求自己整天都把精力集中到那些少的,但真正重要的任务上。你只在需要休息时做做清单中下面部分的任务。

你不要期待每天能够完成所有的事。更重要的是每天在这种工作方式上有所改善。

成功清单
20% 基本成功活动
80% 不那么重要日程活动

那是你的目标。最好在你的成功清单上写下三件基本的事,而不是二十个不重要并且无关紧要的日常工作。

请你尝试一周时间,仅仅一周后你便会发现,你的生活变得多么有意义,因为你更有意义地安排了自己的时间。

当我在写这章时,我正乘坐十小时飞机去墨西哥。我完全过度疲劳。尽管如此我感觉很好。个人的成就感,通过这本书我迈进一大步,上到新的高度,这使我保持清醒和心情愉悦。因为我完成了对我绝对重要的事,所有其他的事都是次要的。

> 人们在哈佛学不到如何设定重点和利用好时间,人们必须自学生活中许多重要的能力。
> ——李·艾柯卡

防止例行事务

要预防重点变成不假思考的例行事务。我们一生中都需要重点。这样,我们必须防止将它沦为例行事务。

我用一个简单的例子说明这一点。三年前你在职业成就上设定了重点。你要注意不要对此过于专注。你没有经历自己孩子的成长。也许有一天你有了一些财富,但却失去了人际关系;或者你患了重病,因为你多年来忽视了自己的健康。

重要性的秘诀应该是平衡!请把它比作自行车的一个车轮,每根辐条代表你生活中的不同领域:

职业、家庭、运动和健康、自由、个人时间、兴趣、旅行、进修、朋友、社会活动、公民义务。

请问问自己,观察你自己的生活,如果这里的每个领域对应车轮的一个辐条,你骑在这样的自行车上会是平稳的吗?你的车轮会是均匀旋转还是会高低不平?

速度

一旦你设定了重点,就要立即进入行动层面:请你开始行动!

请你尽可能快地完成你的重点。我发现,我的思想不再像以前那样批判地深究问题。只有有时间思考的头脑能将你带到问题前。接着我们开始思考,沉思,质疑,犹豫……你知道最终会怎样?

因此,尽快完成你的重点并紧接着在一天结束时进行反思。

克里斯蒂安·毕绍夫对于"工作重点"的要点总结(本章小结)

* 压力只来源于一个事实:你知道自己必须做什么但做了其他事。
* 关键的是重点,而不是时间管理。
* 我们所有人完成的是我们务必想完成的事——那些是我们的重点。你有正确的重点吗?
* 重点与能力无关。设定重点,是关键的事。只有你对此负责。
* 决定性的不是你工作多少小时,而是你每小时的工作有怎样的效率。
* 不要为你的日程设定重点,而是为你的重点安排日程。为你重要的事安排日程。
* 用成功清单代替日程清单。在每天早晨建立成功清单之前,问问自己:这项任务属于20%还是80%?
* 在所有生活领域中你需要平衡。
* 尽快完成你的重点并紧接着在一天结束时反思。

NO.4　不要无所事事：发现个人目标中的力量

- "没有目标的人不要为到达另一个地方感到惊讶。"
- "许多人高估了他们一年内能取得的，又低估了他们10年内能取得的。"
- "不清楚目标的人，不会找到道路，而只会终生在圈子里打转。"
- 有明确的目标并且不放弃的人，即便行动最慢，也总是比那些没有目标到处奔走的人速度更快。

不要无所事事：发现个人目标中的力量

你拥有一份书面的目标清单吗？

有？那衷心地祝贺你！

没有？为什么没有呢？对你来说你的生活如此没有价值，以至于你都不想规划它？

还是说你的态度是：

某天我就顺其自然地到达生活随便把我带到的地方。

这是导致严重后果的态度。如果你幸运的话，那生活当然可能把你带到有保障的退休金和稳定的工作那里……但生活同样可能将你带入失业、微薄的退休金、经济收入不足的方向。

大多数人都没有书面的目标清单，我认为这个事实就是为什么少数人能在生活中有所收获的原因，他们具备成功所需要的潜力。人们会在某一刻来到生活的尽头，但只有少数人会到达生活的目标。

我告诉你这个赤裸裸的事实：

你在生活中如果没有目标，就会很容易迷失在日常生活的单调中。那样的生活看上去会是怎样的？无聊、沮丧、单调、缺乏动力、感到不独立……

生活中没有目标的人会迷失自我。

——亚伯拉罕·林肯

没有目标的人不要为到达另一个地方感到惊讶。

——德国谚语

有个人目标的人，会找到自己的路。其他人则必须总要别人为自己指出道路。在你能真正开始行动之前，必须清楚自己到底想要什么。

没有个人目标的人是在实现别人的目标。

——德国俗语

埃德蒙·希拉里先生1953年成为登上珠穆朗玛峰的第一人。这个消息很快传播开，当他重新回到山谷时，已经有几个记者在等他。其中一个记者向他提出这个问题："希拉里先生，你是怎么做到的？"你想到埃德蒙·希拉里先生的回答是什么？

"我也不知道，我只是想徒步走走！"

一定不是那样。

专家一致认为我们的大脑是一个寻找目标的有机体。你输入某个目标，它就会日夜为了达到目标而工作。因此最高效的方法是你为自己制定书面的目标清单。请不要再等待，开始行动吧。现在！马上！

具体是什么目标？到什么时候完成？

为了让潜意识真正接受目标，则必须满足两个重要标准：

> 你具体要实现什么目标和你要到什么时候完成它？

你的目标必须是可表达并可普遍测量的。在这里大多数人会犯一个重大错误：

比如"我明年想要减肥"就是一个极其不具体并含糊不清的目标。许多人给自己设定这样的目标，以便他们对自己和别人都不必承担真正的义务，并且如果他们没有实现目标，我们也不会要求他们做出解释。

> 不明确的、无法测量的目标是失败者的辩解目标。

一个可测量的目标像下面这样：

"到2013年5月30日17点10分我要减掉10公斤。"

现在你可以精确测量自己的目标并准确了解必须在什么时候实现目标。如果目标是不可测量的，那它很可能是个虔诚的打算、一个好主意、一个愿望、一个梦想或者是冲动中说出的蠢话。

我挑衅性地称之为：

自我愚弄！

你是在自欺欺人！

这样的话，你在生活中不会有什么大成就。你的潜意识需要可测量的目标去启动工作。

这里有一些例子：

懦弱的打算   **具体的目标**
明年我想要减肥。   到 2013 年 5 月 30 日 17 点 10 分我要减掉 10 公斤。
我要攒钱。   每个月的第一天我将工资单上的 10% 转账到储蓄户头。
我得更好地对待员工。   到周五 18 点我要亲自表扬至少 6 位员工的工作表现。
我要做运动。   到 10 月 31 日我要跑一个全程马拉松。

你看"多少"（可测量的数据如数目、量、页数、百分数、金额、分数）和"到什么时候"（固定的日期和时间）这两个标准可以明确表达所有目标。当你表达个人目标时，请尽可能的明确，毕竟那是你的生活和你的目标。含糊的目标带来模糊的成绩或者干脆没有收获。

详细地写下你的目标

> 选择生活目标时的迟疑和实现目标过程中的反复无常是我们全部不幸的主要原因。
>
> ——约瑟夫·爱迪生，英国外交家、作家

只有一条持续的道路能使目标有约束力并变为可实现的：把它们写下来！这样你的目标将更明确，更可测量，而且你的大脑会牢记它们。装在脑子里的会被很快忘记。你所看到的书面内容能够每天不断地唤起你的意识。

如果你想拥有一套房子，那请你尽可能详尽地描述它：具体的位置、周围的环境、外观的颜色、内部装潢和格局。如果有房屋的图片，那请你搞到一份复印版。如果那是你梦想的房子，是你想要建造的，那请设想到最细微的细节。一旦你写下了一切，你的脑子就会知道现在起必须做什么。

最重要的目标——迫使你变得更好的目标

请为自己设定一些目标，那些成为你真正的挑战的目标。也许有些看上去甚至有些不现实。这样的目标需要你的付出，要实现它们你必须完全伸展自己。有一些使自己感到不舒适的目标是好的。

为什么这么说呢？因为那是生活中有力的目标，是发掘自我潜力的目标。以此你能

够发掘全部潜力，你必须学习新的能力来拓展可行的智力水平，结识新的人，克服恐惧并战胜阻碍和打击。这一切使你的生活变得令人激动，有吸引力，也更有价值。令人激动的生活是由永恒的运动组成，而不是静止。

> 许多人高估了他们一年内能取得的，又低估了他们10年内能取得的。
> ——吉米·罗恩，美国经济哲学家

我们开始吧！
等等，还有一件事！

设定一个突破性的目标！

我想鼓励你为自己的事业或生活制定至少一个突破性的目标，一个能带你向前迈进一大步的目标。

大部分目标在生活中只能带来很小的成就或者微小的改善，就像一个普通水平的运动队，整周都必须艰苦训练，为了在周末有打赢比赛的机会。现在如果你能够雇用一个比其他队员好很多的球员，请你设想将会发生什么？这会给你的球队带来巨大的进步！你会立刻赢得更多比赛，你的球队则会立刻达到一个明显更高的比赛级别。这就是突破！同样对于生活你也要有突破性的目标，对你也许是减掉10公斤，跑一个全程马拉松，写一本书，在一本杂志上发表文章，上电视，经营自己的生意，让自己独立，成为歌手，主持自己的广播节目……

只有当你实现一个这种突破性的目标，你的整个生活才会向积极的方向转变。这难道不是你该以全部热情追求的事吗？这样一个突破性的目标难道不值得你每天更努力工作一点，直到你实现它吗？

请你设想，你是一个有两个孩子的单亲妈妈并且你有机会加入一家网络营销公司做产品销售，对该公司的产品你深信不疑。同时你每个月有可能为自己以及孩子得到一千欧元固定的额外收入。对你来说这不是一个值得追求的目标吗？

> 为了实现可能的事情，你必须一再尝试不可能的事。
> ——赫尔曼·黑塞，德国作家

请你设想自己是一个售货员。你有可能晋升到大宗客户部，在那里销售量会高出许多倍，同时你的佣金和收入也会向上呈量子式跃升。你难道不会日夜工作，直到实现这个目标?

这些就是突破性的目标！使你的生活发生明显改变的事情,将你和正确的人带到一起并为你开启重要网络的事情——之前你从未梦想过的新的机会和可能性。对我来说,突破性的目标是我的第一本书《驱动的时刻》的出版,它为我打开了许多扇之前紧锁的门,帮我结识了许多新的人并赐予我无数的演讲邀请。这些都是之前我认为不可能的事情。

你也可以做到！

开始行动吧！

就去做吧！

设定目标,说到做到

你知道,我热爱简单,因为生活是简单的。我们下面关于目标的研讨也是简单和有效的。这个四步目标计划将帮助你非常容易地设定目标,那些你直至生命的尽头都想要实现的目标。

第一步:

请写下至少50个生活中想要实现的目标。

* 你不能实现自己无法设想或者写到纸上的任何事情！
* 你想学会哪些新的技能,例如职业进修,外语?
* 你想要得到或拥有什么?
* 你想实现什么?
* 你想进行哪项体育活动?
* 你想达到怎样的身体状况?
* 哪些小事对你重要,而它们对其他人也许是无关紧要的?
* 你想有份新的工作……或者在目前的工作中加速吗?
* 你想去哪些国家旅行?
* 你想经历什么样的冒险?
* 你想遇到哪些人?
* 什么能在接下来的10年带给你愉悦、快乐、享受和生活乐趣?
* 你想生活在什么地方、什么样的房子里?
* 你有哪些家庭目标?
* 你想结识多少新的人或者朋友?
* 如果你能够在未来10年实现一切,那将会是什么?
* 你想投身于哪些社会工作?

请写下至少50个你在未来10年想要拥有/完成/取得或者会做的事情。请写下它

们,不需过多思考,请追随你的心和你的灵感。同时请你考虑到所有生活领域:
* 健康。
* 工作和事业。
* 财政/经济。
* 家庭/伴侣。
* 爱好/休闲/旅行/体育。
* 个人/朋友。
* 社会目标。

我的50个人生目标

1. _____
2. _____
3. _____
4. _____
5. _____
6. _____
7. _____
8. _____
9. _____
10. _____
11. _____
12. _____
13. _____
14. _____
15. _____
16. _____
17. _____
18. _____
19. _____
20. _____
21. _____
22. _____
23. _____

24. _____
25. _____
26. _____
27. _____
28. _____
29. _____
30. _____
31. _____
32. _____
33. _____
34. _____
35. _____
36. _____
37. _____
38. _____
39. _____
40. _____
41. _____
42. _____
43. _____
44. _____
45. _____
46. _____
47. _____
48. _____
49. _____
50. _____

你当然可以扩展这份清单。我真诚地建议你至少设定 100 个目标。请广泛考虑并涉及全部生活领域。

第二步：

观察这些目标并决定哪些是你目前最重要的三个目标。

我的三个最重要的目标(以重要性排序)

1. _____
2. _____
3. _____

我们为什么要这么做？

现在你清楚地了解自己最重要的事情是什么。你的大部分能量应该立刻流向你的这三个最重要的目标，因为你务必想要实现它们。

为自己设定这样的关键目标是好的。正常人不能同时专注于 20 件事，我们必须积攒起能量，为了能够用全部精力专注于一件事。因此我们也把这 50 个目标称为"人生目标"。想要在一年内实现所有这些目标是不可能的。

现在将是关于目标的研讨中最重要的步骤——

第三步：

你为什么务必想要实现这三个目标？请说出你的理由。

如果你能回答这个"为什么"，"怎样"的问题就自然有了答案。如果你在内心中知道为什么想要实现某个目标，那你也会找到如何实现这个目标的道路。

为什么这三个主要目标对你如此重要？如果实现它们，你会得到什么？

为什么对于"为什么"这个问题的回答如此重要？答案是：

原因比事情本身更有分量和作用

你对"为什么"的回答越强大，你就会越容易找到"怎样"实现目标的道路。如果你在某个目标上无法回答"为什么"的问题，那你就很可能不能实现这个目标。

在我 14 岁时，我给自己设定的目标是："我想参加一次德国篮球甲级联赛，参加国家队。"

必须承认的是，我有一些天赋。16 岁时，我成为当时所有赛季中最年轻的甲级联赛球员。16 岁时我也进入了国家青年队。

我为什么能实现这个目标？因为我在内心中能够清楚地回答，为什么我一定要实现这个目标。我想要尽全力成为职业运动员。带来的结果是，我每天全身心集中于所设定的这个目标上。

再给你举一个例子：19 岁时我由于身体原因不得不放弃篮球。我的事业就在它真正开始前结束了。我犹如重重地摔倒在地板上，并到达人生的最低谷。我职业生涯的梦想很快彻底破灭了。

那时的我基本上只有抱怨、责备和放弃。

坦白地讲,几周的时间我都是这种态度。但是在那之后,我意识到生活中有许多机会和可能性,并给自己提出一个关键性的问题:"你在生活中想要有什么收获?"不久后我得出这样的回答:"我想成为职业教练并以此维系我的生活。"

在那天,19岁,没有教练专业知识,没有经过培训或者其他训练教练的背景,我开始了教练职业生涯。我从相当底层的地区级别开始,并在我作为教练的第一年训练一支老年队,其中最年轻的运动员都年长于我。

6年后,25岁的我一夜之间成为同时期最年轻的德国篮球甲级联赛主教练。这是怎么发生的呢?我总是很清楚地知道自己为什么一定想要实现"职业教练"的目标。结果是,我每天朝这个目标的准确方向进步。

不清楚目标的人,不会找到道路,而只会终生在圈子里打转。

——克里斯蒂安·摩根斯坦,德国诗人

请望向你所坐房间的天花板。也许在某处悬着一个灯泡、一盏灯或者一串小灯。请继续坐在那里,像刚刚那样。将你的右臂伸向天花板上灯的方向。你发现对你来说光亮在一臂可及的范围之外,那你不会继续够过去。

这同样适用于你的目标。请将屋顶的灯想象成你的三个最重要的目标。此刻这些目标对你还遥不可及。

但是如果你能够回答为什么你务必想要实现这些目标,那你的目标就像整天吸引你的磁铁一样作用于你。通过这种内心吸引作用,你自动朝目标方向迈进。

我来为你证明这不可抗拒的引力:请你设想自己站在十米高的大厅里,大厅棚顶吊着一盏灯,除此以外大厅是空的。

有人对你说:"请你到灯那儿并把灯泡换了。"

你会怎样回答?

没错,你说:"我做不到!我没法上去。"

你也根本没有动力到高处去。

然而如果我在灯上挂着一个装着一百万欧元的袋子并对你说:"你有五分钟时间到高处,然后钱就归你。"那又会发生什么?

你会想办法到达灯那儿吗?

一定会!

为什么?

因为这时那笔钱就像一块作用于你的磁铁,一块吸引你的磁铁。

对于你的个人目标也是这样。

让我们一起来看看你的目标

如果你为自己设定的目标是拥有价值 100 万欧元的私人住宅,请提出这个问题:为什么想拥有它?我要用这栋房子来做什么?它只是立在那里,以便别人能从旁边驶过并为此赞叹,还是它有更深刻的生活意义?

你很快发现,设定目标的关键在于细节,在于回答"为什么"的故事,在于隐藏在这目标后的发条。

你也许想要拥有这栋房子,以便它在周末成为全家人活动的中心。这些活动对于你是生活中最重要的。

一旦你找到两到三个为什么想实现这个目标的原因,你就会建构出一篇结构合理、有理有据,用来详细回答"为什么"这个问题的文章。在你写下这个故事的时候,绝妙的细节便在你脑中得以发展。

我的小故事,它明确回答了"为什么"。(不超过五句话)

_____

_____

_____

你的想象力是未来现实最重要的出发点。你能够设想出来的,就能够被实现!在这个过程中,理由总是要比原本的目标更强大。目标是重要的,但解释这个目标的理由更加重要。

> 在生活中拥有目标并追随目标是重要的,因为真正有意义的事情发生在通往那里的路上。
>
> ——托马斯·莫斯,作家

第四步:

> 为了达到我的目标,我必须做什么?必须采取哪些行动我才能过想要的生活?

到目前为止你的成果如何?我确定你有许多之前还没有清楚意识到的人生目标。关键的问题是为了实现那些目标,你必须做什么,什么是你从今天起必须改变的?

现在需要绝对的坦诚!

你不能愚弄自己，不能自欺欺人，否则到目前的一切工作都是徒劳。

请列出第二个清单，在上面只写下你为了实现三个最重要的人生目标，从今天起切实会做的十件事情。

你必须学会哪些新的技能？你将改变哪些行为方式？你必须在日程中加入什么你到目前为止还没有做过的事？

我不想过度要求你，因此请只写下十件事情。如果现在你面对这张纸感到不知所措，不知道该从哪开始，那让我来帮你确定第一件事：

"我要探讨目标并完成这四个步骤的所有规范。"

这样你就有了要做的第一件事。现在你仅需要其他的九个。

新的目标只有通过新的道路才能实现。

——恩斯特·费斯特，奥地利教师、诗人、格言家

为了实现我的目标，我必须做什么？

1. _____
2. _____
3. _____
4. _____
5. _____
6. _____
7. _____
8. _____
9. _____
10. _____

看吧，你做到了。这张清单上有你从现在起将要做的十件事情，以便能够实现目标。我和你打赌，你不会坚持做到第十件！这里涉及的是事实和具体的实施——大多数人在这里失败。我帮你确定了第一件事，但你没找到其他九件。这就是你严肃的态度？你对待自己的生活有多严肃？

在演讲中我提出这样的问题：

"为了实现个人目标，你会做什么？"

通常听众根本没有回应。偶尔在演讲结束后会有某位听众走过来说：

"毕绍夫先生，目标研讨是好的，我有许多目标，只是在最后一个步骤上我什么都没找到！"

我的回答是："如果你不能回答'做什么'这个问题，那你就很有可能不会实现自己的目标。成功在于实施，目标研讨的最后一步是实施说明。"

如果你就是无法找出十件事，那让我们再尝试一下：

请你只写出五件，为了实现你的三个最重要目标，你从现在起切实要去做的事。

从现在起我要做以下五件事来实现我的三个最重要的目标：

1. _____
2. _____
3. _____
4. _____
5. _____

现在你有了五件要做的事，这就是我们的目标研讨，也是你进入一个新生活的突破。接下来要做什么呢？

为你的三个最重要的目标制作目标卡片

在我第一次遇见我的导师罗恩·斯莱梅克博士时，他教我要把最重要的目标时刻随身装在钱包里可见的地方，每当我打开钱包，就会想起我最重要的目标。这个办法非常有效。

请你继续做下一步。将这三个最重要的目标分成小的周目标，也就是你在新的一周开始时总会设定的目标。请将这些目标写到一张卡片上并在整个一周里监督自己是否实现了它们或者至少有所接近。具体方法如下：

1. 请拿出一张小卡片。请在每个周六带着你的个人目标单静静地坐在写字台前，审阅一下过去的一周。在卡片上写下三个为了更接近你的三个最重要的目标而下周必须完成的最重要的事情。

2. 整周把这张卡片随身装在钱包里，每天多看它几遍，总向自己提问："我此刻是在为实现我的三个最重要的周计划而工作吗？"

3. 如果回答是"是的"，那请你继续；如果答案是"不是"，那请立即改变你的行为。

4. 只要你实现了某个目标，就立即把它划掉，然后请更新你的"前三名"清单。

5. 请在下个周六使用这张卡片，以便为下一周制作一张新的卡片。

请现在就尝试这个方法。

都准备好了吗？

下面是每个人在实现个人目标时必须克服的三个障碍：怀疑、恐惧和阻碍。

请你意识到怀疑、恐惧和阻碍在你设定了新目标的那一刻被打败，也许其中有些怀疑是在你开始设定目标时就已经出现在你脑中：

"我能做到吗？""这真的现实吗？""我到底能不能实现这么大的一个目标？"

我把这些阻碍称作"失败者的三个同盟"。因为这些同盟总是给失败者简单的借口去解释为什么他们是失败的。这三个同盟阻碍了态度普通的大多数人——但不是你！

当你读到本书的此处时，你了解怀疑、恐惧和阻碍是设定目标过程中的一部分。它们是你必须正确对待的事情——你不能允许自己的成功耽误在这样的事情上。让我们仔细看看每一点。

怀疑

请你意识到，一旦你设定了"我想要跑一个马拉松"这个目标，你脑中一定会有下面这样或者类似的怀疑："你永远也做不到"，"你没有时间训练"，"你岁数太大，又缺乏训练"。

你低估了自己！

如果你想实现"赚得比现在多三倍"的目标，内心里立即就会出现这样的声音："你不够优秀"，"不要高估了自己"，"你必须工作得更多"，"你会忽视家庭"，"钱不重要"。

所有这些想法都是怀疑，都只是我们为什么没能实现目标和为什么根本没有去尝试的破绽百出的借口和理由。

怀疑是好的！真的！

你知道为什么吗？

> 怀疑使你清楚地认识自己一生中该怎样做到自我克制。

关于怀疑的探讨先到这里。

如果你意识到自己的怀疑，请以批判的态度分析它并克服它。

怀疑就像拦截生活之河的堤坝。

——佚名

恐惧

恐惧则不那么简单,因为恐惧是感觉。也许你害怕失败,害怕被拒绝,害怕别人的嘲笑;你害怕破产,害怕感情或者身体上受伤害。恐惧同样不是什么特别的事,它们是生活的组成部分。

如果你想和普通的大多数人一样,那就跟随你的恐惧把自己藏在你更愿意得到的舒适位置:"我不尝试新事物,因为那样我就会有恐惧。"

这是一个相当严重的错误。

越是给自己的恐惧让路,它就会在你的生活中越强大。

有一天你变成了胆怯的兔子,设想在每一个街角都有最难以置信的危险。(难道我们不是有祖父母或者上了年纪的亲人和朋友,他们害怕所有小事,随时能发现危险,并在家庭聚餐时发起使大家都倍感压力的讨论?)

恐惧影响发展。 发展出现在对恐惧坦然中。
——艾尔瑟·帕奈克,德国抒情诗人

心胸广阔的不是不知害怕的人,而是了解它又能战胜它的人。
——卡里·纪伯伦,黎巴嫩画家、诗人

接受你的恐惧,只有那样你才会成长。我的导师罗恩·斯莱梅克博士有一次对我说:"如果你想快速成功,那就克服你最大的恐惧!因为当你战胜了它,你为实现大事而需要的勇气就会到来。"

阻碍

最后是阻碍,它们是外在的障碍和阻挠,是你完全无法预料和在第一时间看起来无法克服的。

阻碍出现的形式可以是没有人愿意在你的项目中支持你,你没有找到正确的营销赞助,也许你没有继续前进所需的资金。阻碍也可以是官方的定额、入境限制和缺少劳工许可证。

阻碍仅仅只是生活打在你脸上的一拳,为了看清楚你是否会像拳击手那样被击倒在地还是能机灵地躲避并找到其他方法。如果成功是简单的,那所有人都能拥有它。阻碍确保将所有懦夫、不独立、目光短浅和头脑简单的人清除掉。阻碍就像露天演唱会当天的大雨,重大场合前的重病,妻子对你换新工作的反对或马拉松30公里后你的脚上磨出的两个水泡。

> 阻碍是真实的生活。

我们必须接受它们并学习正确对待它们。它们存在，它们来了又走，以后也将一直这样。

如果你像大多数人一样，那恐惧、忧虑和阻碍对你来说就是停止指示：
"停，请留步，此处不能继续！"
由于我们从小就被所在的社会训练得太听话，大多数人在他们余下的生活里都保持着顺从的态度并从来不问自己，停止指示后面是怎样的。我出于全部的爱和善意告诉你：

> 请不要将怀疑、恐惧和阻碍视为停止指示，而是要把它们看做你生活之路的一部分，就像那些一再出现在路边的风景。

它们甚至必须出现！如果它们没有出现，那说明你设定的目标过于简单或者太低，这样的目标不能帮助你成长和改善。

过低的目标总是将你的个人继续发展排除在外。

你是否了解……

你是否了解你的员工或者那些和你一起工作的人的目标？

不知道？

如果你不清楚他们的目标，那你要怎么促进他们，你要怎样发掘他们的最大能力？作为领导只拥有自己的目标是不够的，你必须让你的员工也设定并清楚地表达出可测量的目标。

然后你要支持和鼓励他们去实现目标，并衡量最终结果，让员工对他们的目标负责任。这才是领导！

最重要的球队会议中所议的头等大事是赛季目标，这是我们在球队每个赛季都会反复表达的事情。在体育运动中我们语言上强调目标，直到球员们再也听不进去……这样目标才会慢慢体现在行动上。

这对你意味的是，请确定你的员工不仅仅知道这些目标和设想，而且在内心里拥有它们并体现在每天的行动中。

> 因为实现具体的、有意义且主动的生活要以具体、可测量、现实和时间明确的目标为基础。

> 有明确的目标并且不放弃的人，即便行动最慢，也总是比那些没有目标到处奔走的人速度更快。

适用于企业的是，有目标地规划未来，或者没有未来。

适用于所有人的是，规划自己的生活，或者别人为你做错误的规划。

现在我问你一个关键的问题。

这个问题又是残酷的。

你能承受这残酷的事实吗？

能？很好！

问题是：

生活中你在为自己的个人目标还是为别人的目标而工作？

接着我再提第二个问题：

你认为哪种形式的目标会让你更加幸福？

明确地表达你的目标

你是企业家？你为某家公司工作？请你用一句话表述公司的目标，不要局限于一句普通的表达，如"赚钱"。

请用一句话明确地表达，你的公司做什么，总体目标又是什么。

作为领导者你必须是第一个能非常明确地表达这个目标——所有人为之工作的目标的人。这里我指的不是随便一个含糊不清的公司任务，像悬挂在进门大厅里的，包含美好意义的词句，那些只是描绘了一个完美的公司，却完全没有谈到现实。

我指的是，可用来衡量所有员工的公司目标是什么？

如果员工不清楚这个目标，那他该如何拥有个人目标？

结果就会是，员工拥有的个人目标与公司目标完全不一致。公司的不理想业绩、不满和问题都是预先设定的。

为什么这么说？

因为你没有明确地表达目标。

由此产生的后果是你的责任。

克里斯蒂安·毕绍夫对于"目标"的要点总结（本章小结）

* 目标必须是可测量的，并要回答两个问题：
  目标具体是什么？ 直到什么时候完成？
* 含糊的、不可测量的目标是失败者的辩解目标。
* 最重要的目标是迫使你改善自我的目标。
* 请为自己设定一个突破性的目标，它将使你的整个生活发生积极改变。
* 人生的目标是这四个问题的书面回答：
  1. 你在生活中想要实现哪 50 个目标？
  2. 哪些是你在此时最重要的三个目标？
  3. 为什么你务必想要实现这三个目标？
  4. 要实现这些目标你必须做什么？
* 请设定周目标卡片。 请在每周末坐下来，评估上一周并为下周设定具体、可测量并且现实的目标。
* 请不要将怀疑、恐惧和阻碍视为停止指示，而是把它们看做生活之路的组成部分，像那些总出现在路边的风景。
* 作为领导你要了解员工的目标。
* 请明确地表达自己的公司目标。

NO.5　做出最大努力

●没有人必须一开始就认识通往目标的准确道路。如果你开始行动,那随着时间道路自然会出现。

●知识不是力量。成功只存在于对知识的运用和实践中,只有那时知识才会变成力量。

●当你行动并改变事情时,事情才会发生变化。

做出最大努力

成功在于行动。

——吉米·罗恩,白手起家的百万富翁

许多人行动是因为发生了什么事情,少数人行动是因为该有事发生。

——彼得·霍尔,记者、出版商、主持人

足够的语言,足够的计划。如果你已经设定了个人目标并确定了自己最重要的事,那接下来就只剩一件事:

> 开始行动,尽自己最大的努力!

这是我最喜欢的态度之一:做好内在的准备,将语言付诸行动并尽自己最大的努力。大多数人在这里失败,因为……

是的,现在要行动起来了。

所有说得好听的人,金玉其外和喜欢表现自己的人此时都停滞在此。

我们有没有真诚地对待过自己:

你为自己设定了一个目标……

这时除了你自己还有谁会阻碍你?

请不要用这样的理由:

"也许这根本不现实","我是让别人做的"。

这些都是借口。

如果你务必想要实现什么,如果你采取行动并且每天都尽最大的努力,那你就很有可能找到一条通往目标的道路。最关键的是你的意志力。你的意志力通过这些品质表现,如好奇、热情、坚持、具体的目标、详细的行动计划、知人善任、博爱……

请提出下面这个问题:如果你此刻还不具备知识或者资金,但你有意志力,你具有耐性、坚持、热情和好奇心,你能实现你的目标吗?

当然能！

再强调一次：

当然能！

你的意志力将持久地坚持下去。

> 一开始你不必了解通往目标的确切道路。如果你开始行动,随着时间道路自然会出现。

只要你们打算采取有意义的行动，那就必须关上怀疑的大门。

——弗里德里希·尼采

同样,下面这个事实总是对我有很大帮助：

> 我们不必是在达到世界级水平之后才开始行动,但是我们必须开始行动,为了有一天能达到世界级水平。

当你想开始做某事时,那最好立即开始。只有这样你才能在某一天达到个人的世界级水平。

这是非常重要的一点：我们这里说的是个人的世界级水平。这里不涉及在某事上成为全世界最好的那个人或者夺得金牌。这通常是不现实的。

我讨厌动机训练师,他们总是想要使我们相信我们总是能够在任何地方成为第一名。

这种动机对于大多数人是不现实的蠢话,这里讲的与此无关。我们这里提到的是个人的最佳成绩,这已经足够使你在生命的最后感到内心的满足,因为你尽了自己最大的努力。

尽最大的努力

自身尽了最大努力的人会在世上实现最多的目标。

——托马斯·杰斐逊

这是个人态度的金钥匙。

我想问你并请你真诚地回答,你准备好尽最大的努力了吗？

关于这点在我们的社会里也经常存在不同的情况。许多人永远都不理解下面的规则：

> 生活中重要的不是不犯错误，而是尽最大的努力。

日常生活中的问题，经常是根据错误来评定一个人。

在学校里就已经是这样。你还记得：

英语听写——40个单词，这个孩子写对了38个，成绩：1分。所带来的信息是：你很好。

另一个孩子错了30个：6分。这时信息则是：你不及格。

我们上学时都得过6分，并且不论我们承认或者不承认，这个分数一定都不会对我们的自我价值观产生积极影响。

这时关键的根本不是这个6分，而是一个决定性的问题（孩子应该尽可能早地学会这点）：

> 我们在准备考试时有没有尽全力？

今晚上床睡觉前，请你花一些时间站在浴室的镜子前。请正视你的眼睛几秒钟，微笑。回想你生活中的最要好的朋友和最重要的伴侣，之后对自己提出这个决定一切的问题：

"今天我尽全力了吗？"

就是这个问题！

在回答这个问题时，你可以欺骗你的上司和你的员工，你可以欺骗你的伴侣和你的朋友，你可以欺骗我，但你永远都不该欺骗自己。

这会夺走你的自尊。

因此，请你站在镜子前。

请回想一下自己年轻的时候。当你第一次坐到方向盘后，就马上会开车吗？

对我来说，驾校老师一定在我驾驶时上百次地干预进来，他必须至少自己踩五次刹车，因为否则就会撞车——我一定有二十次让发动机被淹，两次考试失败……

最后我学会了开车。

在第三次参加驾照考试时，我太紧张了，以至于在考官坐入车后座并请我开始时，我的眼镜完全蒙上一层雾气。在那一刻我终于知道我的最大脉搏有多高。

数百个错误！但是这里的每一个错误都将我向我的最终目标带近一点——学开车。

请回想你还是婴儿的时候。你还不会走路,整天在地上爬来爬去,直到有一天一个内心里的声音对你说:

"站起来,站起来!"

你时刻都在想:

"我可以听从这个声音!"

接着你被什么东西拉起来,也许是父母的双手,然后有个声音对你说:

"开始,开始走!"

就在某个时候你开始了!然后发生了什么?

跌倒,跌倒,跌倒!

在会走路之前,你摔倒上千次。

父母有没有在你第三次尝试走路时对你说:

"不要再尝试走路了,你还不会走!"

没有人有这样的父母!那是荒谬的!你一直练习走路,直到你会走了。

现在我想要问你:

难道这不该适用于我们整个一生吗?

当你设定了一个目标,你应该坚持多久?

回答是,直到你实现这个目标!

尽你最大的努力!

同时你接受错误,欢迎错误,因为只有通过错误你才能改善自我。请智慧地不要第二次犯同样的错误。这是关键。

用数字来表达尽最大的努力——100%。

现在总是一再有人对我说:

"毕绍夫先生,对我60%就够了,最多70%。"我的回答是:"这没问题。每个人都对他自己的生活负责并自己决定生活中想要取得什么。"

如果你有孩子,那么你会很了解这个症状。你的孩子一定这么认为,认为自己是新酷一代:

"老兄,不要制造压力。始终保持轻松的状态!70%就够了。"

但请意识到下面的事实:如果你只付出70%的力气,那你在生活中将永远都不能或者只是接近于发现自己身体里隐藏着怎样的潜力、可能性和能力。

我甚至要告诉你:经常99.9%都还不够!

你认为99.9%和100%之间存在的只是可忽略的小差别?

我想用一个数据例子向你展示,如果大家每天都以99.9%的精确性工作,我们的社会会发生什么。有一天我读到这个数据例子,这对我绝对是新视野的开启。很遗憾,在仔细搜索之后,我还是不能够提供这个数据的原始作者。但我要对这未知的出处表示感谢,因因为它很经典。

为什么99.9%还不够

* 每月从水龙头里流出1小时不洁净的饮用水。
* 每小时18322封信被错误处理。
* 每年开出20000例错误处方。
* 每小时22000笔转账记入错误账户。
* 每天全世界多数大型机场2次误降。
* 每天50个新生儿在出生时从助产士手上跌落。
* 每周500例失败手术。
* 你的每一天缩短1分钟26秒。
* 一生中你吃掉50公斤过期的、腐坏的或者不可消化的食物。
* 每年你的心脏停跳23000下。

祝福你不会发生这样的事！

尽最大努力不意味着完美

请你不要将"尽最大努力"与"完美"混淆。每个公司貌似都有这种让人无法忍受的完美主义者。你认识这样的人吗？

那些无可救药的完美主义者？

另外，如果刚刚你不能微微一笑，那很有可能你就是。

如果到目前为止你一直想要表现完美，那请你立刻停止那么做。周围的人会因为你的小弱点而爱上你。没有人是完美的。你也不是。

完美只会唤起攻击性。

我想用一个笑话来向你澄清这点：

在美国一所高中开学的第一天，老师向全班介绍一位新同学，来自日本的小野铃木。随后开始上课了，班主任问道："我们来看看谁了解了美国文化史——是谁说过'给我自由或者死亡'这句话？"

教室里静悄悄的，只有铃木举起手："帕特里克·亨利，1775年在费城。"

"非常好，铃木。那谁说的'国家就是公民，公民利益不容忽视'？"

铃木站起来："亚伯拉罕·林肯，1863年在华盛顿。"

老师面向学生们并且说："你们不感到羞愧吗，铃木来自日本却比你们了解美国的历史！"

从后面传来一个微弱的声音："让我安静！你们杂种日本人！"

"谁说的?"老师喊道。铃木举起手，毫不迟疑地说道："麦克阿瑟将军，1942年在瓜达尔卡纳尔岛；李·艾科卡，1982年在克莱斯勒全体股东大会上。"

班里静得出奇，只是从后面传来声音："我马上要呕吐了！"老师喊道："那是谁？"铃木回答："乔治·老布什在午餐时对前日本内阁总理田中角荣，1991年东京。"

一个学生站起来，愤怒地喊："让我透透气！"老师打断："够了！到底是谁？"铃木睫毛都不动一下地说道："比尔·克林顿对莫尼卡·莱温斯基，1997年在华盛顿，白宫椭圆办公室。"

另一个学生站起来喊道："铃木是一坨大便！"铃木："瓦伦蒂诺·罗西在里约的国际摩托车大奖赛，2002年在巴西。"

全班陷入歇斯底里，老师晕倒了。教室门开了，校长走了进来：

"糟糕，我还从来没有见过如此的混乱。"

铃木："盖尔哈德·施罗德在公布财政报告时对财政部长埃切尔说，2003年柏林。"

少说废话，多行动

说话活动嘴巴，行动改变世界。

——尤塔·梅茨勒，广告撰稿人、学者

如今在我们的社会中我们是"讲话"的世界冠军，行动的外行。为什么我们德国人在每年新的专利申请上世界领先，而专利的实施和在实践中变现都是在国外完成？

成功存在于行动中

只要为这家公司工作的员工自己不改变，公司就不会有变化。同样，只要你不行动，不在自身做出改变，你的生活就不会有改变。

你听说过自我发展周期吗？

这个周期描述人类怎样学会新的能力。我是从我来自伊斯兰的导师托尔·奥拉夫森那里学到这个周期的：

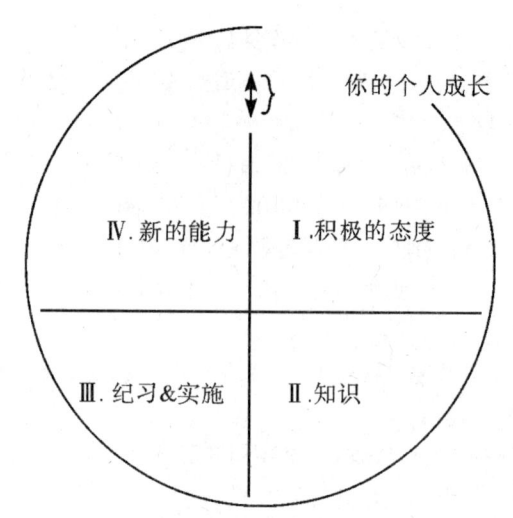

```
              你的个人成长
         ↕
    Ⅳ.新的能力  │  Ⅰ.积极的态度
   ─────────────┼─────────────
    Ⅲ.纪习&实施 │  Ⅱ.知识
```

我们必须完整地执行一次这个周期。只有那时我们才掌握一种新的能力。让我们再仔细看一下：

Ⅰ.以积极的态度开始。你需要以这个态度去学习一些新事物。当你已读到本书的此处，你一定有了这种积极的态度。

Ⅱ.第二点是我们必须获得知识。我们参加研讨会，读书，听有声读物，向朋友和导师学习。有上千种学习的可能性。

Ⅲ.第三步是运用知识和在实践中实施。我们必须行动，练习，去做，通过错误学习，改正，用另一种方法做事，直到我们有一天……

Ⅳ.第四个阶段到达的是，我们应用它直到它进入我们的身体和血液。这时我们就掌握了一种新的能力。这时我们不用再思考，而是能力已自动形成。

因此周期在最后没有闭合，而是变得更大。增长就是你个人的成长。

你认为大多数人会停滞在这个周期的哪个位置？

没错，在第二和第三阶段之间。我的导师把它称作"六点钟—知识陷阱"。

所以，我们可以这样认为：

大多数人一生中总是在累积理论知识，而不在实践中运用它。这样不会产生个人成长，至少不会在日常生活中。最多只是在我们脑中有了理论的积累，但日常生活才是决定性的。

我们经常在生活中积累无数知识。是社会迫使我们这样。

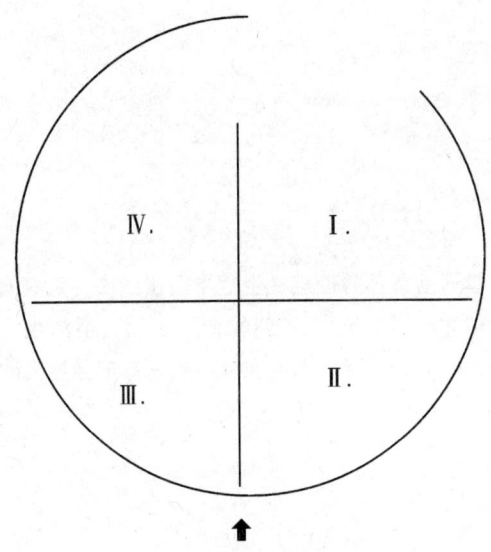

↑
六点钟—知识陷阱

这里的问题是,我们伴随社会中广为流传的一个最大谎言成长和生活。
如果你已经听过这个谎言,请你点头!它就是这句话:
知识就是力量。
这是唯一的大谎言。

> 知识不是力量。
> 成功只存在于知识的运用和实践中,只有这样知识才能变成力量。

成功总是存在于行动和实践中。
你所知道的根本不会带来改变,决定性的是你用所知做了什么,这才会带来积极的改变。知识本身根本不能改变什么:
你买了这本书。然后呢?
你把这本书从头读到尾。那然后呢?
你在文章中的某些位置做记号,那些你想立即实施的事情,你也许在阅读时学到一些新事物。你感到有动力?那然后呢?
你认为这本书很好或者差极了?那然后呢?
从明天起你会在日常生活中做出什么改变?
答案是,什么改变都没有。
你在本书中读到的内容根本不重要。
唯一有意义的是你实施了什么。

> 当你行动并做出改变，你身边的事才会发生变化。

我们必须一直一直记着这一点。

　　如果你想根据自己的设想在生活中做出改变，那只有通过你有力的双手去做去行动才会实现改变。纯粹的废话和长期的坐立不动不会给你带来任何收获，也不要等待，即使在梦中事情也不会这么改变。

——安哥拉·弗兰茨

书呆子

我的朋友和导师赫尔曼·舍雷，德国最好的演说家之一，他的演讲中提到一句话："书呆子赶走了顾客！"

这句话简单且绝妙。

你多久会经历一次下面的场景：你想要买一件商品。在商场你被具有专业知识的售货员雷倒，他向你展示的比你想了解的多得多，而你只是渴望知道这件东西在实际中如何操作。

每个领域都有这种书呆子。让我们看看德国的学校："书呆子毁了学生。"

那是有全面的专业知识却没有能力亲自接触学生的老师。我们大家在我们的学校经历中有没有遇到过这种老师？

"书呆子扼杀员工。"

我们喜爱的经理和上司是在他们的专业知识背后隐藏着知人善任的能力。

或者在体育中：

"书呆子限制了运动员。"

说的是那些很快再次被解雇的教练们。这样的教练掌握世界上全部理论知识，但拥有的社交能力比一片松脆面包片还薄。

我认识许多这样的教练。

在工作环境中你也认识许多这样的人。

请永远都不要变成书呆子！请你相信我，我知道我在说什么——在篮球运动中我自己差点成了书呆子。幸好有几个队员当面严肃地告诉我并使我走上另一条道路。

我的一位导师，美国篮球教练界的传奇人物、登入名人堂的迈克·沙舍夫斯基在一次与我的交谈中告诉我一句指引人生的话，我将永远牢记它：

"体育运动中作为成功的教练,20%来自于传授正确的专业知识,80%来自于与队员的正确交际。"

对你,对我,对所有其他想要更成功的人,我把这句话换一种表达:

> 成功,20%来自于获得必要的专业知识,80%来自于将它付诸实践。

这个基本原则对我有效。也许对你也有效。

所有事都很重要并会产生后果

请不要认为在你的生活中有不重要的事。你的所有行动都作用于你的未来。每天早上你是多睡半小时还是为了更有活力而去跑步;你现在是立即把巧克力条塞到嘴里还是不那么做;你是继续每天躺在电视机前的沙发上让自己受无聊的电视节目影响,还是和妻子做些特别的事或者陪孩子玩……所有事对你的生活都有深远影响。

这些看上去没有很大差别:你是在一天10小时的工作后让自己疲惫地躺到沙发上还是振作起意志为你的梦想或者愿望再工作30分钟。这在今天不会产生大的区别,但是这会为10年后你在生活中处于什么位置带来巨大影响。

为了从竞技体育职业教练转型为独立演说家,我需要5年时间的准备工作。5年来我每天为教练的职业工作,拥有在这件事上的事业心、热情、意愿和投入。尽管如此,我利用每一分钟空闲时间让自己继续深造,学习,参加研讨会,结识新的人,发展新的主意和新的策略。你要相信我不像你认为的那么有智慧。为了写这本书,我必须读500本书并找到自己的道路,每年环游世界,与新的人会面,为自己投资。

没有事情会自行发生

如果你不相信这点,那你这辈子就继续买奖票。

你永远不会敲开累积大奖。

我和你赌10000欧元。

买奖票的人希望用钱来改变自己的生活。

多么可悲的态度。

这不会发生。

行动了再后悔要好于没行动而后悔。

——乔万尼·薄伽丘

我们的一切行动都会产生后果。如果我们现在行动,会有后果。如果我们不行动并继续懒惰地坐着不动,也有后果:事情不会发生改变。

事实是:

事情有变得越来越糟糕的潜质。因为如果我们不改善,那我们就是在走下坡路。

请允许我用一个图形来说明这个事实。图画要比数千句话表达得更多。让我再次用你的健康举例——从今天起你每天犯一点小错:每天一板巧克力、一支烟或者一瓶啤酒。如果你只是今天做了,坦白地说这不起什么大的作用。但习惯不是因为我们只是今天这样做而成为习惯。

假设你接下来的10年都这么做。

10年后你的身体会是这样:

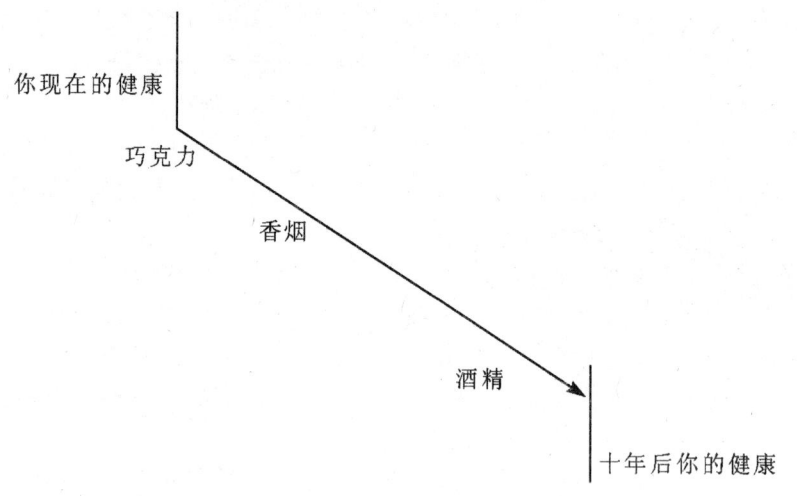

```
你现在的健康
    \
     巧克力
       \
        香烟
          \
           \
            酒精
              \___
                  │
                  十年后你的健康
```

一路向下!请相信我,没有人愿意和你交换。

假设你不犯这样的错误,而是每天吃一个苹果,你知道这个生活格言,我父亲一再对我说过的:

"每天一个苹果,疾病不会缠绕你。"

我有个问题要问你:

如果这句话是对的,会怎样?

你会说:

"如果确实是这样,那就很简单。"

我们假设,你在10年中每天吃一个苹果,而不是吸烟、喝酒或者吃巧克力。

你的健康在 10 年后是这样：

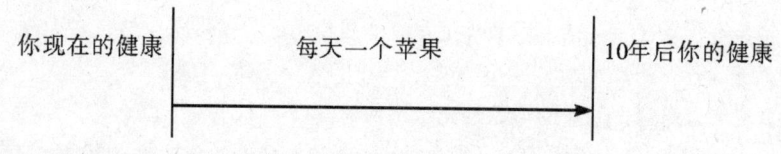

你现在的健康　　　每天一个苹果　　　10年后你的健康

现在请决定，接下来的十年你想要走哪条路？

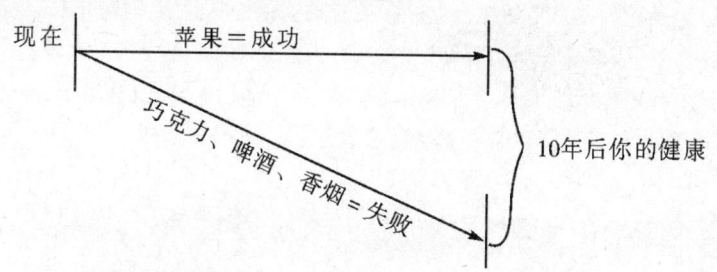

现在　　苹果＝成功

巧克力、啤酒、香烟＝失败　　　10年后你的健康

首先被描述的那条路在我们的社会中被称为"失败"。
只有第二条路被我们视为"成功"。

请行动——采取正确行动！尽你最大的努力！你不是为我或别人这么做！你这样做只是为了你自己！

行动是我们存在的理由。

——约翰·戈特利布·费希特，神学家、哲学家

对所做的事情投入热情

在演讲中我经常谈到鼓舞和热情。对自我行动的鼓舞和内心的热情在我看来是绝对重要的，因为我认为用热情做事的人总会找到成功的道路。毫无热情地完成工作的人停留在致命的中等人群中。

喜爱越多，就越积极。

——文森特·凡·高，荷兰画家

然而我真诚地告诉你：
需要的不只是热情！
狂热和热情是有益的，但不是决定性的。工作必须始终给我们带来快乐的设想是不现实的。那样不行！我们都有过那样的日子——那时工作根本没有给我们带来快乐，尽管如此我们必须完成工作。在这样的日子中，决定性的是你内心的态度，去做自己必须做

的事,尽管这样也要尽最大的努力。

偶尔会有听众在演讲结束后来找我并说:"我也想成为演讲家。站在台上做演讲一定很有趣。"

这么说的人对这份职业的印象是完全错误的。

请你相信我,如果你了解我的日常生活,99%的人都不会愿意和我交换。这样说的人思想上的错误是认为我只是站在台上。我没有确切地计算时间,但每年我只有不到3%的时间是站在台上,那就是公众们所见到的;没有人看到那剩下的97%,也就是整个准备、练习、旅行、计划和销售策略等等。请你相信我,这经常毫无乐趣,但是尽管如此我尽了自己的最大努力,因为只有这样才有可能享受站在台上的3%的时间。

克里斯蒂安·毕绍夫对于"行动"的要点总结(本章小结)

* 我们需要在内心准备履行所说的话,去行动并尽最大的努力。
* 没有人必须一开始就认识通往目标的准确道路。如果你开始行动,那随着时间道路自然会出现。
* 我们不必达到世界水平之后才开始行动,但我们必须开始行动,为了达到世界水平。
* 生活关键的不是不犯错误,而是尽最大的努力。
* 请放弃神经质的完美主义。完美只会唤起攻击。
* 少说话,多行动。
* 知识不是力量。成功只存在于对知识的运用和实践中,只有那时知识才会变成力量。
* 当你行动并改变事情时,事情才会发生变化。
* 请永远不要变成书呆子。成功20%来自于获得必要的专业知识,80%来自于实践中的实施。
* 没有事情会自行改变。

NO.6 灵活机动是21世纪成功因素之一

●改变的准备是我们的时代所必需的。
●放下你的恐惧,参与改变,尝试新的事物。随着成功的经历,你的自信和把握会增加:如果我完成了这件事,那我也能做到下一件。
●不要做蠢事,不要在生活中做铤而走险的改变,如果这会拿你和你家人的生存冒险的话。

灵活机动是21世纪成功因素之一

缺少改变的意愿，这种宿命论的态度带来的结果经常被称作"命运"。
　　——埃克哈特·米特尔贝克，文学研究家，《经典学校读物》系列出版者

　　灵活和改变的准备是态度的要素，这对新的成功是不可缺少的。新的事物和挑战属于日常生活，我们的世界变化得越来越快，但我们却貌似变得越来越不灵活。

　　原因是什么？

　　很大程度上一定是由于我们舒适的富裕感和人们在德国对安全感几乎令人难以相信的追求。

　　最终让我们接受这点：改变属于我们的日常生活并且持续到生命尽头。现在也是这样。让我们来看一下，之前的10年发生了什么改变：经济泡沫破裂，新的市场从交易市场消失；2001年9月11日世界政局发生了改变；诺基亚和西门子公司大批裁员；经济危机改变了整个世界。改变一个接着一个。

　　现在我们每个人以个人态度必须做出下面的决定：

　　要把精力浪费在阻挡改变上吗？你可能愿意这样做。这样做的结果将是你的生活中没有任何改变。更重要的是，你的生活会根据你的主观感觉变得越来越糟。

　　事实是，在德国所有东西都越来越贵而国家退休金越来越少。如果你抗拒这个事实并打算在接下来的10年靠同样少的退休金过活，那么可以。请意识到你的钱在后10年不会有现在这样的购买力，这样你的生活就可以说变得"糟糕"。

　　在这里我不想对你保留残酷的事实：

　　15年后你的钱大概还剩下现在一半的购买力。

　　政客们想要灌输给我们愚蠢的想法，并欺骗我们说通货膨胀率每年仅在2%和2.5%之间，而事实上它要更高。

　　更好的做法是将精力投入在接受改变并把它用于自己的优势。在改变中总是还隐藏着机会和可能性。我们必须意识到这点，为此我们需要灵活性。

　　　　你可以尝试去改变世界或者你可以改变自己看待世界的方式。

　　　　　　　　　　　　　　　　　　　　　　　　　——佚名

你想在公司、家里或者朋友圈里做出改变吗？那就行动吧！

你将意识到下面的事情。

如果你将这个想法告诉相关的人，那你保证会经历四个阶段，在改变某一天形成了之前。

这些阶段是：

1. 批评。
2. 嘲笑。
3. 接受。
4. 不可或缺。

首先将会有一股批评的暴风扫过，因为人们不喜欢改变。这时大多数决定者已经改变主意了，对他们来说受欢迎比继续改变更加重要，他们总是把旗帜对准风吹来的方向。人类内心都有一种对于爱和好感的基本需求，我们经常避免冲突，因为我们认为对方会不再那么喜欢我们。所以你会避免争执和冲突，不想采取和别人态度不一致的措施。你认为周围人爱慕的需求比发展自己的环境更重要，这样大多数人根本不想改变或者就停在了第一阶段，他们不能坚持自我并放弃了自己的计划。

如果你不属于这类人并经得起批评（当然事先要声明的是，你的改变有道理并且你深信它），那么你顺利地进入第二阶段：所有改变都会被你周围的人嘲笑。这时不再有批评，因为周围的人发现你是严肃的并想坚持这件事。但是人们继续在背后嘲笑你的那些改变。

请不要对此感到恼怒。到改变被接受（第三阶段），只是时间问题。接受最晚会出现在第一批改变的人成功明显出现的一刻。

有一天，你推动的改变成为公司工作上不可替代的部分，以至不能没有它，你就达到了第四阶段。改变已成为习惯，没有人再想要放弃它。

我们都遇到过的三个关于改变的例子：

留声机产品的使用和随后取而代之的 CD 产品；

使用电子邮件作为交流手段；

手机及其所有功能。

所有改变总是在开始阶段遭受强烈怀疑和反对。

我们一定要举曾经的国家教练尤尔根·克林斯曼作为改变的这四个阶段的最著名例子：

2004 年他被任命为德国足球国家队教练。在任期间他调整了整个运动理念。他任用来自美国的竞技教练并以之前德国足球联盟根本没有见过的训练方法工作，结果发生了什么？尽管德国那时完全处于低谷并急切地需要新的方案，批评还是无情地涌向克林斯曼。那是愤怒的暴风雨，整周席卷着整个德国媒体界。像暴风一样，这种力量能够摧毁一切。然而尤尔根·克林斯曼仍保持坚定的态度。

很快球队在第一批准备赛中获得一系列成功，并且公众发现他们不能像自己希望的那样轻易地改变克林斯曼。随后批评退去，但在街道上，公交车内，整个国家在背后用手指着克林斯曼，嘲笑他。

那是在2006年德国世界杯开始不久前，我们的"国王"弗朗茨·贝肯鲍尔一句公开的正式声明（"现在我们必须团结在一起，不允许有人在背后究根问底"），最终表明克林斯曼的方法被接受了。

世界杯期间对他和他的球队的支持一场多于一场。最初的批评者后来都在车里插上德国国旗，变成了最大的支持者。当克林斯曼在比赛后直接宣布退出时，他已经成为公众的英雄，以致没人能够想象没有他的德国足球国家队会是怎样，甚至贝肯鲍尔说过："克林斯曼必须继续留下来。"克林斯曼成功地到达了第四阶段：明显地，没有他已经不行。

克林斯曼曾经并且继续坚持改变。整个德国在他上任时所嘲笑的，如今已成为一个标志。以前几乎没有哪个教练像拜仁慕尼黑俱乐部的尤尔根·克林斯曼那样用自己的责任引起如此大的公众兴趣。

克林斯曼在拜仁俱乐部做了什么？全部是新的。

这次问题就在于整个德国媒体界想要看他的失败。克林斯曼作为"火箭教练"犯过错误，对此我们不必多言，但是来自媒体的嬉戏行动是强大的。

我们再来看看拜仁慕尼黑在范加尔的带领下排位有什么变化。没有多少改变……

> 关上改变的门，意味着把生活也关在门外。
> ——沃尔特·惠特曼，美国抒情诗人

请停止唠叨和抱怨："一切都变了！"请利用你的力量并行动起来，去和"这些改变"打交道。

> 必须做出改变的是你自己而不是别人。
> ——史瓦密·普拉吉难帕

只要当你在工作上变得更灵活一些——你不必立刻改变整个世界。

你需要灵活地去服务好顾客，因为每位顾客都是不同的。你了解所有那些不友好、傲慢、令人无法忍受的顾客。那与他们打交道就意味着灵活性，要保持友善的态度。为什么这如此重要？顾客对你来说重要吗？

当然重要！

每个公司的繁荣或衰落都与它的顾客有关。因此与他们打交道中的灵活性尤其重要。顾客可能根据自己的意愿表现出不友好。只要他还把钱花在你那里，那他对你就还是一位好顾客。这样你最好在与他交往时表现得灵活。

请不要降低到和他相同的水准。这时这句俗语起了作用：

永远不要和一头猪打架，不然你们都会一身污垢。猪喜欢这样，因为它在污泥里感觉舒服，而你则失去了名声。

最后总是恐惧使人在改变面前退缩

我们怎样能让学习变得更灵活，接受改变，克服我们的恐惧？请你首先分析改变是不是好的并且有意义的。

这里只有一个可能：

> 放下你的恐惧，参与改变，尝试新的事物。随着成功的经历，你的自信和把握会增加。如果我完成了这件事，那我也能做到下一件。

寻找一个全新的世界永远都不晚。

——阿尔弗雷德·坦尼森，英国诗人

我是在青少年精神病院完成我的民事服役的。那是相当有意义的一年。有一段时间我带着这里的一个青年乘坐电梯，他对此十分恐惧。就在医院的门口有一个运送餐车的巨大的电梯，它只运行于一层和二层之间，以便每天能够运输大型餐车。走路的话，两层之间最多有四十级台阶。那个电梯是玻璃制的，完全透明，通透并且宽敞。但是那个青年无论如何也不愿意乘电梯，所有好意的劝说和心理医生几周以来的治疗都没有用。

有一天院里的心理医生忍无可忍了。在青年愤怒的反抗下，医生抓住他，将他塞进电梯，把他带到二层。那个青年大哭起来，最后到达二层时甚至哭嚎着抽搐了。

接下来的几天，两人在诊疗时间分析乘坐电梯的这十秒钟时间是不是很可怕，为什么这个青年会对此害怕。三天后两人再次一起乘坐电梯，青年总是表现出明显的颤抖，但他已经可以自己走进电梯。这样一步一步下来，一个月后他笑着和我乘坐同一部电梯并说："看，克里斯蒂安，我能乘电梯了。我不再害怕了。"

现在，请不要因为这个例子打击我。我不是心理学家，也不了解这个青年的病症。我也不是专家，也不会说这个方法总是对的。因此我不知道。我只能以我个人的经历来说：

> 消除恐惧，你就自由了。

上学时，我非常恐惧作报告。站到班级前讲话——我痛苦得宁愿从地面上消失。如今我以演讲赚钱。我是怎么做到的？我一次，一次，一次，又一次地尝试……直到有一天恐惧消失了。

人们永远不知道，如果事情改变，会有什么结果。但是人们知道如果不改变会有什么结果吗？

——艾利阿斯·卡内蒂，作家

不要做蠢事

也许有读者会说："毕绍夫，你说得对！我讨厌我的工作！我必须改变自己，明天我就去找老板然后辞职。"

如果你的反应是这样，那接下来我要问你：

你确定后天就有别的收入来确保你养活家人吗？

在这我要清楚地警告你！

不要做蠢事，不要仓促地做决定。

如果你是已婚的，那你至少要为另一个人承担责任。请你意识到这份责任并且不要做蠢事。当你已经做好更好的准备之后，才能迈出人生的一大步。在那之前你原来的工作仍是足够好的，因为它供给你和你的家人生存所需。

因此，为自己寻找更好的，在你转身离开已有的之前。

在把握更好的之前，不要改变现状。

——佚名

克里斯蒂安·毕绍夫对于"灵活机动"的要点总结（本章小结）

* 改变的准备是我们的时代所必需的。
* 如果你想在公司改变什么，你必须经历四个阶段：
  1. 批评。
  2. 嘲笑。
  3. 接受。
  4. 不可或缺。
* 当你怀疑自己的改变时，想想尤尔根·克林斯曼。
* 最后总是恐惧感让我们在改变面前退缩。
* 消除恐惧，你就自由了。
* 放下你的恐惧，参与改变，尝试新的事物。随着成功的经历，你的自信和把握会增加。如果我完成了这件事，那我也能做到下一件。
* 不要做蠢事，不要在生活中做铤而走险的改变，如果这会拿你和你家人的生存冒险的话。
* 秘诀经常存在于小步骤中。请一步一步地去做。

灵活机动是21世纪成功因素之一

NO.7 学习还是死亡

● "过于骄傲而不想成为学徒的人也没有成为大师的价值。"

● 谁真正为你的未来负责?是你!只有你!

学习还是死亡

能从每个人身上学习的人是真正的智者。

——犹太教法典

你要一直学习,学习,学习,学习!

这时你会想起:"嗯,这句话我经常听到。"

很好!如果你在生活中还没有听过这句话,那很糟糕。生活中有我们总是听不够的事。人们必须一再反复地听到那些生活的重要信息,直到它们进入耳朵,最后逐渐变成行动。

去年我听说了一位演讲家,他以下面的话开始演讲:

"大多数人必须从50个不同渠道听到同一件事,当他们在生活中持久执行它之前。我希望我只对今天在场者中的一人是这第50个声音。如果我对你只是那第27或者37个再次对你说这件事的人,那么这也很好。随后你只需再从23到33个其他人那里听到这个相同的信息,之后你会将此事持久地融入生活。"

这不是一个有创造性的信息吗?这样的话,我希望对于一些我的读者我可以是那第50个对他们说这句话的人:活到老,学到老!

谁对你的未来负责

谁真正为你的未来负责?

是你!只有你!

许多人总认为他们的未来是由老板负责。他们的老板只负责一件事:

如果你这个月忠实地为他完成你就职时许诺的工作,那他必须付给你工资作为报酬。

就是这样。

不多也不少。

"你现在想对我说我的老板对我没有兴趣?"

很真诚地讲,是的!你的老板至少对你的幸福感不像你希望的那样关心。你的老板只有一个简单的目标:获得盈利。

你为他工作是为了在这个目标上帮助他,只要你对他的帮助大于你每月得到的收入,那你就要一直为他工作。就这么简单。这在道德上正确与否根本不重要,在现今社会中我们把这称作事实。通常你的老板对你未来生活中会有什么成就根本不感兴趣。请你相信我,他对此一点兴趣都没有,而且这也是正常的,因为生活是你自己的。

你可以很好地运用下面的策略:

> 工作中要高效、可靠、正直,以成绩为导向,以便老板不能放弃你。同时要有意识地工作并以至少同样的精力投入到个人的继续发展中。

在我们国家有许多这样的人,他们害怕因为被解雇而陷入失业中。人们有权利有这样的恐惧,对此我们不必再讨论。而事实是大公司裁员经常出于同样的目的,即提高盈利和股票市价。对此我们也可以尽情抱怨,这确实在道德上是不妥的,但是我要清楚地告诉你,以后这一点也不会改变。

依赖于雇主的人必须在这种情况中适当地为自己的未来担心。

你为什么不干脆扭转形势?

让你的雇主依赖于你!使自己成为工作中的专家并且不可替代,让你的上司不得不辞退别人而不是你!

你会问:"这样也可以吗?"

当然可以!这是你的态度问题,你是否想要这么做。

你会问:"我要怎么做呢?"

请在工作中保持强度、可靠、正直并且以成绩为导向——使自己成为不可替代的。

要活到老,学到老。许多人并不是终生学习,因为他们受到这三件蠢事的制约。

这三件蠢事要为生活中的停滞负责。

第一件蠢事:
"大学毕业或者学徒生活结束后,我就不需要再学习了!"

你有没有从别人那里听过这句话?这不是智慧的生活态度。

正确的态度是,学校教育结束后,学习才真正开始。学校教育取得很多成就,但它没有教会我们为生活做好准备。

在我毕业的时候有很多这样的毕业生,他们带着这样的态度离开学校:"我要成为老师,因为那样我不必有太多工作而且会有很多假期。"

这是多么可怕的态度！我怎么能根据有多少假期和闲暇时间这样的标准为自己、为生活寻找一份工作？许多教师在工作20年后筋疲力尽并幻想破灭，这不是更让人感到吃惊吗？他们完全低估了这份工作或者以自己毁灭性的、没有抱负的态度一步一步为自己挖掘了坟墓。

我想再澄清一件事：对我来说教师是社会中最重要的职业，因为他们每天和我们的下一代打交道，没有人比教师有更多机会去影响青少年。我在13年的学校学习中遇到过许多非常好的老师，他们至今对我还有持续的影响，直到今天我都感激着他们。然而这份工作却被那些只是期待下一个假期的懒惰、愚昧无知的破坏者占据着。

回到第一件蠢事。毕业后停止学习的人是停滞不前的。日常生活中最危险的事就是停滞。实际上停滞就是倒退，因为你自己的停滞会随着时间在你的内心造成不满并限制你面对成功的准备和能力。

假设你现在40岁，某天清晨醒来你问自己为什么对自己和工作不满意，过去的20年你错在哪里？

我来告诉你答案：

20年来你的态度都不对！没有促进个人的继续发展，没有新的重要的知识融入生活，既没有个人的成长也没有生活中的进步。结果就是不满。

每个人在内心都想有所改善，这种内在的进步使我们获得满足感。如果停滞，我们的内心将感到不满。

许多年轻的运动员，他们在自己的运动项目上不再有进步的前景，那他们迟早会停下。他们会去找教练，要求离开。大多数时候他们用其他理由解释为什么要离开（"我上场时间不够"，"教练对我没有促进"，"我不喜欢队友"），通常所有这些都是借口。

真正的原因是，他们在内心里发现自己不能再继续了，缺少进步。他们不想满足于此并打算尝试其他的项目。

通常这个真正的原因是一种好的态度。多数年轻人不接受停滞不前。年轻人在内心要求自己在生活中不断改善自我，去做更多，取得更多，这是多么值得欣赏的态度！如果我们能够一生都保持这种态度，我们的社会会变得怎样？

第二件蠢事：
自傲

这件蠢事是不能被接受的。然而我们每天都能看到这种情况。我们认识态度傲慢的人：

"我都知道"，"我不需要再学习"，"在这儿我学不到什么"。

或者最糟糕的：

"我不想再学任何事！对什么我都不感兴趣！"

在所有工作领域我们都能找出这样的态度。他们是公司的杀手并不能被容忍。鲍里斯·格鲁德在一次演讲中曾这样说：

"没有比这种人更能干扰我的，他们坐在这里听讲座却表现得他们好像什么都知道。请你放弃这种低能并傲慢的态度，带着这种态度你的大脑不再对新事物开放，而且如果你的大脑不再接受新事物，你的内心就会像枯木一样慢慢死去。"

情况就是这样。自傲的人随处可见，在我们的领域也是。我曾参加德国演讲者联合会（GSA）会议。那是一次有很多优秀报告者参加的非常好的活动，有大约200位整年在公司做培训的职业演讲家和培训师出席。在这200位听众中总有几个人在每次演讲期间都有上千件亟待解决的其他事，除了倾听演讲，利用机会学习新事物之外的所有事。

这对我来说就是自傲：培训别人，自己却没有能力专注于某事。

过于骄傲而不想成为学徒的人也没有成为大师的价值。

——赫尔曼·菲舍尔，德国神学家

过去我时而也给教师做演讲。在每一次这样的活动上我都需要五分钟时间去寻找那些生活中带有不容接受的态度的教师们："我不想再学习。"请相信我，你立刻能识别出这种人。对任何事都没有兴趣，消极的肢体语言，彻底的无知以及最糟糕的是，他们试图将其他同事也拖下水！我总是在想："有这样老师的年轻人多可怜啊！"

每个人能够向和通过每个生活过的人学习。

——卡尔·冯·豪尔泰，德国作家、演员

第三件蠢事：
例行公事，例行公事，例行公事——无聊的例行公事

例行公事一定不是我们生活中的坏事，但它经常是危险的。人需要变化、新的想法、新的挑战。太多的例行公事让大脑变迟钝并经常是无所谓的态度。没有比漠不关心更危险的事了。对于一切都无所谓的人，你要怎样和他相处？

在体育竞技中教练经常不会因为不够好而被解雇，而是几年后在训练和交流过程中陷入例行公事，这阻碍队员成绩的提高并因此不能忍受。教练必须始终注意在训练过程中引入新东西，并且这些新东西对于队员来说，一定程度上要在他们的行动中不可预见。过多的例行公事是竞技体育中的杀手。

例行公事很快使人们变得懒惰和停滞,而在德国,这种停滞则被我们的官僚机构完美地推行着。

我不喜欢这种机制并立刻向你解释原因:

我们的官僚机构与人们内在成长并改善自我的需求相矛盾。为此它促进了漠不关心、懒惰和差劲的工作效率。如果公职人员实际上不能被解雇并且每个月末总会得到同样的工资,无论他在工作岗位上成绩好还是不好,那他为什么还要去感受内心的渴望?只有很少部分的人有自我驱动力去要求自我成长,大多数人都得被要求那么做。因此在德国这个法治国家里的官僚机构绝对是阻碍成绩提高的,并且是应该尽快被废除的。

让我们来举一个例子,我们的教育体制:学校原则上应该像一家经济型企业那样被管理。校长雇用教师,促进并提高财富,同时解雇较差的。这样就会很快区分糟粕和精华。很快会产生教学质量极好并声名远扬的学校,许多学生想到那里求学。好的供应唤起相应高的需求。教学效果好的教师也应该收入更多。为什么学校不能像企业一样进入效益竞争中去?如今社会中的一切对于竞赛都是平等的,每位教师都可以自己决定他们想要走多远。我们的官僚机制是完全陈旧和过时了的。

这是三件使个人成长停滞不前的蠢事。

下面我们来看四个促进个人发展的简单的可能性。

第一个可能性:
书籍、有声读物、研究班、导师

德国人平均每周有 13 小时 14 分钟的时间在看电视,一年就是将近 690 个小时或者 29 天。普通德国人每年大约在电视机前度过将近一个月的时间。

嗨?!

怎么会是这样?

德国人每周平均阅读 4 小时 21 分钟,这也就是每年 226 个小时或者 9.5 天。每年将近 1 个月在电视机前而阅读只有 9 天半时间,我们会读些什么?——怎么会这样?

《德国财经时报》的数据显示这每周 4 小时 21 分钟的阅读主要分布在:

报纸:1 小时 50 分钟。

杂志:22 分钟。

书籍:50 分钟。

(请你不要问我德国人在其余的那些时间读什么)

不到 1% 的德国人每年会读超过两本书。

每周在电视机前超过 13 小时,而只有不到 1 小时手里会拿着一本好书。我们还会奇怪自己没有个人发展吗?

你在看电视或者读报时不会学到什么重要的事。那些都是娱乐工具。

现在你一定会说:"我没看这么多电视,只是偶尔而已。"

请你做下面这个有趣的实验:请你坚持记录一周自己什么时候看了多久电视。显而易见,当这些时间叠加在一起,一周结束后纸上呈现的结果会是令人清醒的。

事实是,我们在看电视时几乎学不到对生活有益的东西。

日报也同样如此。报纸做的一切都是要告诉我们世界变得有多快,读报很大程度是浪费时间。真的!请你数数标题,你便会发现80%都是消极的内容。这些怎么能对你的生活有持久的建设性的帮助呢?根本不会有。杂志也不是真正的再教育的媒体,而是提供容易被消化的休闲内容。《女性画像》中的40个完美节食计划能给你带来什么?什么都没有。

我们要从书中学习。

我有个严肃的问题问你:

在前六个月你读了多少本书?

真正的读!请你真诚地回答!你读了几本?

如果你想获得乐趣,那请你让别人告诉你他们最近读过的五本书。大多数人不能告诉你,更多的人是连一本也说不出来。请你问他们此时正在读哪本书,十个人里有九个根本没有在读书。另外我的建议是远离不读书的人。

你应该读什么?

你想在哪方面得到进修,那就请你读该方面的书。但是要小心,市场上有很多垃圾。许多人写书是为了赚钱而不是为了帮助别人。请你也不要片面地阅读。不要只读像本书这样的自我励志型书籍,而是也要读其他类型的:传记、哲学和一些用于改变的简单的读物。

要综合地阅读。

关注一下这点:如果你想要实现一个目标,并且世上有人已经实现了它,那就找来他们的传记并学习为了达到目标你该做什么以及你不该做什么,这样你会在实践中节省一些时间。

只读书是不够的

如今我们不再有很多时间留给自己,相反很多时候我们要坐在车里。你不必通过读书来学习。给自己买些有声读物并利用在车里的时间。请计算一下一年中你有多少时间花在车里。许多人算出的小时数如此高,以至他们能够在这期间毫无问题地学会一门外语或者修完一门额外的大学课程。有声读物是一种很简单的学习媒体,和电子书一样,你可以简单地从网络上直接将它们下载到你的电脑里。

研究班

请你养成习惯,每年至少参加两个进修研究班。这是最少的。在你的住所周围一定有大量各种话题的演讲、演讲者、大学讲师和研究班的机会和可能性,关键的是你要去参加!不要期待有人会重创世界,而是你要接收一些新的想法。请你为此而投资,利用这些机会。

> **只有投资才能换来学习。**
>
> ——来自阿拉伯

导师

如果你有导师,那你学习的速度会最快。有一个人已经做到你想要去做的事并亲自给你建议防止你犯错。坦白地讲,不容易找到导师,因为他们的时间宝贵。如果你不能获得一位导师,那就请利用你的书和有声读物。这是我们当今时代的好东西:你不必再为了向那些导师学习而亲自去认识他们。

第二个可能性:
将知识转化到生活中去

第一个可能性你一定经常听到。有许多给你相似建议的书,但大多数书都遗忘了一点:知道得多还远远不够。只有当你把它们融入生活,新的信息才会带给你不同。因此当你读到或者听到一些新事物,请问问自己:

"它对我的生活会有什么意义?"
"我怎么能亲自执行它?"
"我怎么能从这个知识中受益?"
"我怎么能换种做法并做得更好?"

如果你能实施从每本读过的书、每本有声读物和每个研究班中得到的新想法,那你接下来的10年会完全不同。

第三个可能性：
从失败者身上学习

非常严肃地这么说：请关注失败！

我们在失败中收获的经常比成功中更多。我从作为主教练的一次下课中学到的要比四次参加德国冠军杯更多。失败和打击是教学大师。

这也就是说，你从失败者身上学到的至少和从成功人士身上学到的一样多。

总是看到生活的积极面并着眼取得成功是一种不幸的错误。请你看看金牌的背面，去了解哪些事是你无论如何都不能做的。你会避免一些错误，同时节省了时间。

> 很遗憾，失败的人不办研讨会，因为我们没有为它掏腰包的准备。 请接触失败的人，请他喝杯咖啡，请带上本和笔去采访他："你的生活是个灾难。请告诉我你怎么会做出这些蠢事。"然后仔细倾听并多记下些内容。
> ——吉米·罗恩，美国经济哲学家

当我开始做巴姆贝克职业队教练时,我们有位外籍主教练。活跃时期时他是欧洲最好的核心队员之一,并在他的国家享有传奇般的声誉。

像许多曾经的球员一样他成为了教练。

在准备期间我用了整整一周才知道他作为教练没有太多能力,只是做大气氛而没有什么实干。我清楚他作为教练在巴姆贝克不会待很久,他不仅内在不足,重要的是人格上也糟糕得很。仅三个月后他就被辞退了。这三个月对所有球员来说只有恐怖。然而这段时间也是有益的,我从他身上学到的远比从其他任何一位教练那儿学到的都多,例如绝不能做怎样的事。

我只是想给你描述一件当时的事情。你会不相信我的话,请牢记我们现在说的是职业运动。

周二傍晚我们的训练总是从 17:00 到 18:30。这是第一个错误：职业运动员应该永远不知道训练会持续多久并且它到底什么时候结束,那样会在训练的准备性上影响成绩。这周二我们在统一训练尾声实施了一个新的战术方案,队员根本没理解方案,一切都不起效。18:27 我们的教练情绪激动,几乎爆发了并差点跌倒在角落里,他不喘气地喊叫了三分钟。接着令人难以相信的事发生了：

训练馆里的大钟时针走到 18:30——官方的训练结束时间。

当时的情况下,这对于其他任何一位教练都会是完全无所谓的。

唯独我们的教练不是！

他向上看了一眼,立即停止大吼,集合了队员并用相当平常的声音和坏掉的嗓子用英语说:"我得回家了,和我妻子亲热。她正焦急地等着我呢。"接着抓起他的包在十秒钟后走出了训练馆。站在那里的十个队员只是难以相信地摇着头,根本无法相信刚刚经历了什么。

从那一刻起我们彻底失去了对他的尊重。

有时我从生活的消极面学到比从积极面更多的东西。

——来自苏族人的至理名言

第四个可能性:
制订一个计划 B

你受人雇用并会担心有一天可能失去你的工作?

请你做好准备对付这种情况:事前做计划并默默地在你安静的隔档里制订一个计划B——你会做什么,如果你必须在工作上重新定位。

不要在它到来之前傻傻地等待这一天。立即制订一个计划并一步一步发展执行这个计划所需的能力。

你所有的担忧会减小。也许有一天你觉得自己设计的方案如此有吸引力和有趣,你不在等着被辞退,而是主动辞职。

21 世纪的原则是拥有不止一种能力。

——吉米·罗恩

此外,在所有学习和改善中最重要的一点:

为生活而学习,但不要忘记去生活。

——马丁·盖尔哈德·海森贝克,作家

克里斯蒂安·毕绍夫对于"学习"的要点总结（本章小结）

* 在工作上请强化、可靠、正直并以成绩为导向，这样你的老板就不能放弃你。同时要有意识地工作并至少在个人继续发展上投入同样的精力。
* 三件为生活中的停滞负责任的蠢事：
  蠢事1："大学毕业后或者学徒生活结束后，我就不用再学习了！"
  蠢事2：自傲。
  蠢事3：例行公事，例行公事，例行公事——无聊的例行公事。
* 四个促进自我发展的简单的可能性：
  可能性1：书籍、有声读物、研究班、导师。
  可能性2：将知识转化到生活中去。
  可能性3：从失败者身上学习。
  可能性4：制订一个计划B。

NO.8 你工作的唯一理由：为别人服务

●请提供承诺的服务,以承诺的质量,在承诺的时间内。
●推荐仍然是赢得新顾客最好、最简单和最有效的可能。

你工作的唯一理由：为别人服务

> 在你帮助了足够多的人去得到他们想要的东西之后，你将得到你想要的一切。
>
> ——金克拉，激励演讲大师

这句话是通往所有成功和富足的钥匙！所有人都应该理解它的意义和深度。没有人是独立存在的。事实上所有人存在于世上都是为了服务别人，去帮助他人并支持他们获得他们想要得到的。如果你真诚、热情地遵循这个崇高的动机，你会变得富足。请你将它称作服务、客户服务或者赢得顾客。最终我们都是出于三个原因而工作。

你为什么去工作并在未来也将一直从事这份工作的三个原因

1. 为了帮助你的老板尽可能好地服务他的顾客。

> 你们被赋予的力量其主要意义是服务人类。
>
> ——约翰内斯·保罗二世，波兰第一位教皇

如果你以雇员身份在工作，那你每天去上班的唯一原因是帮助你的老板尽可能好地为现有的顾客服务，以便他们得到满意的服务并继续作为你的顾客。因为你和你老板的目标是顾客的口袋，如果你没有顾客，那你就没有收入，没有入账生意迟早会破产。事情就是这么简单。

无论在哪个领域工作，我们都有顾客，只是我们赋予他们不同的概念。在体育运动中他们叫粉丝或者观众，在医疗领域他们是患者，律师称他们为当事人，健身俱乐部则叫会员。而实际上他们都是顾客，是我们必须尽可能好地去服务的人。

2. 为了尽可能好地服务你的顾客。

你得到一份服务或者购买合同。现在你必须通过提供产品或者服务执行合同。请你尽可能做到最好，使现有的顾客感到满意。不仅仅是满足他的期望，请尝试达到甚至超过

他的预期值，做到尽可能好，而使顾客根本不考虑从别人那里获得这件产品或者服务。因为如果你按照承诺服务顾客，那就会达到一个目标：将来他还会与你继续合作。这就是后续生意。

好生意是三年都不会换顾客。

——佚名

这是真的。这也很简单。你服务越多的人，你就会收入越多钱。

决定权也仅掌握在你的手里。

这里没有对或错。

这是你的生活，你决定自己要怎样。

假设你对自己的经济情况不满，那请你问问自己现在正服务几个人。很可能没有几个。

这是你为什么没有很多财富的原因。如果要改变生活中的这点，那你必须找到一个服务更多顾客的方法。

让我们举一个简单的例子：

假设你的职业是屠夫，每卖出去一公斤肉，利润是 5 欧元（请不要争论这个数字，它只是虚构的），你拥有的顾客量使你每天卖出 16 公斤肉，这就是说每天有 80 欧元的利润，每月约 2000 欧元。你对此不满意？唯一有意义的可能是提高你的顾客数量，只有这样你才能提高盈利。你怎么做到这点？通过提供比这一区域内其他屠夫更好的服务和质量，然后顾客自己就来了。在我所住的城里有一个屠夫，在他那儿买肉的顾客排队一直站到了街上，为了能够在那里买到肉。甚至有许多其他屠夫想要到他那里，因为他是最棒的。这就是低劣的质量经不起时间考验的原因。如果你提供低劣的质量，你永远都不可能富有。

再举一个例子：

你是独立销售员，每卖出一件产品你得到 50 欧元的佣金，你现有 100 个每月会购买产品的顾客，那每月就是 5000 欧元。你想提高这个数字并已经向所有认识的人推荐了产品。

这里有一个简单的原则：如果你提供的是质量好并且有价值的商品，那有 1% 的人会买，即使他们没有见过这种商品。如果你一百次拿起话筒给陌生人打电话，那就一定会有一个新顾客。

与尽可能多的人做生意。

3. 为了赢得新顾客。

市场不是以供方而存在，而是以买方。

——尤尔科·拉尔曼，营销过程和策略咨询师

你是销售员，外贸销售员或者独立销售员，那你一定将大部分工作时间用在赢得新顾客上——那些你想要使他们对产品感兴趣的人上。他们可能会用到产品并有兴趣购买。如果你真正做好这项工作，你会变得富有。因为越多人深信你的产品并使用它，就会有越多的钱装进你的口袋。重要的是你确实把顾客的满意、舒适放在首位并且你不是想要快速获利。你的顾客会发现这种区别，而且这种区别会很快传开，它决定了你是获得长期的成功还是很快退出商界。有时顾客也会被强迫去使用某种产品，我们称之为垄断。因为所有来自于这种强迫的钱都自动流向垄断商，他自然根本不想放弃这个位置。

超过顾客的期望

> 最重要的标准是顶级服务或者顶级质量。你所供应的是你已承诺的——以你承诺的质量，在你承诺的时间内。

如今仅仅是好已经不够，这样你会在竞争中下滑。如今必须做到超过顾客的期望，只有这样，顾客才会留在你这里。其中最重要的是连续生意。

不会再来的顾客对你来说不是好顾客。

如今你需要的不再是满意的顾客，而是忠诚的。满意的顾客下次有可能转向你的竞争对手。因此现在使顾客满意已经不够。

你的顾客必须是忠诚的。

我告诉你一个区别：

你更想有一个满意的婚姻伴侣还是忠诚的？

你明白我指的是什么。

对你来说提供所承诺的产品关键的只是一件事：连续生意。

无论你是独立销售员还是为某家公司工作，最重要的销售总是下一笔生意。

推荐

推荐是赢得新顾客最好、最简单和最有效的方法。使现有的顾客满意，以便他告诉给

别人。要知道,我们越好地服务我们的顾客,他才会越好地服务我们(他会再来),同时他告诉给别人的也越多。如今许多公司将数百万的资金投入到电视、广播、报纸广告和宣传活动中,但是他们似乎忘记最好的广告是热情的顾客,他会充满热情地和别人讲述你的服务或产品。

对于你或者你的公司,最差的广告则是不满意的顾客,他向外宣泄他的愤怒。如今这通过网络变得更加容易,这对你产生的影响最大。

在德国这种情况正在加剧,满意的顾客将经历讲给熟人,不满意的顾客貌似要不断讲述他们的经历直到整个城市都知道。

因此你不必害羞请求满意的顾客立即并且直接地去推荐你的产品或服务。把握你的命运,不要把它交给别人。

推荐总是好的,但广告也可能造成生意下滑。这里的例子是 Praktiker 公司。一年多来,它的广告每周都会出现在所有电视频道和广播节目中,它的广告词是这样的:
"所有商品两折!所有商品两折!但只到……"(请在这里填入周末或者月末的日期)
一旦过了这个期限,紧接着是用同样话语的下一条广告——只是换一个日期。一年多来 Praktiker 整年都是这句:"所有商品两折!"

坦白地说,作为潜在的顾客我感到被戏弄了。这个广告对我来说是愚弄公民的极限做法,有原则的我不会踏进任何一家 Praktiker 的商店,自然也不会在那儿买任何东西。这样的广告令人难以置信。

公司很可能在做广告前将所有商品的价格抬高,以便即使"所有商品两折"也无大损伤。

我有一位朋友在那里上班,他向我解释了这种愚蠢的"持续行为"的原因:竞争太激烈,销售额受影响,应该投入力量将销售额提高。不是变换商品种类或者调整定位,公司坚信只有通过低价和提高购买量才能保持销售额。在这里我向你承诺一件事:这是一条错误的道路,完全错误的广告策略。Praktiker 从市场消失只是时间问题。

热情,热心,爱

> 我坚信如果理解力被照亮,稍加调整,它是与热情相联系的。 理解力是台机器,上面的每个部分越完整,所有部分就会越有目的地相连接,它的功率就会越高。 但是为了被驱动,它还需要动力,而这就是热情。
>
> ——豪斯顿·斯蒂华·张伯伦,德国英裔作家

对工作的热情、热心和爱,无论你愿意怎么称它,它产生的作用都是一样的。
热情和内心的热爱很重要,因为我认为带有热情做事的人总会找到成功的道路。工

作没有热情的人大多停留在致命的中等人群。因此热情是相当重要的成功要素,热情是几乎不能教授的一点。每个人都必须在自身寻找自我的热情。

如果你训练青少年,那你会经常在球队里发现两类队员:为自己的运动项目而狂热的青少年,他们整周都为了周末的比赛而训练;还有一些被父母送来训练的运动员。后者常常很少点燃内心的热情,因此他们通常也很少会做得真的很好。

你认为有讨厌他的运动的职业运动员吗?

你认为有讨厌他所做事情的艺术家吗?

你认为有非常讨厌自己工作的成功人士吗?

反面结论的意思是:

如果我们不喜欢自己的工作,那我们在这方面永远不会真的成功。

我想再次向你指出下面这点:认为我们的工作必须时刻给我们带来乐趣的想法是愚蠢的。这种情况不会发生,我在本书的前面部分已经提到过这点。

从现在起我们使用"热情"这个词。

世上没有发明和力量能带来像热情所创造出的奇迹。

——彼得·罗泽格尔,奥地利平民作家

在三件事上我们都需要热情:

1. 对我们所做事情的热情。

   工作上的乐趣创造优秀的作品。

——亚里士多德

对此我们谈论得够多了,没有其他的评价了。只有当你感受到对所做之事的热情,你才会变得更自信、更幸福、更健康,每天有更多能量。

我热爱演讲家的职业,因为我是充满热情和自信地站在听众面前。我爱我的工作。请你相信我,如果你来参加一次我的研讨会,你就会发现这一点。

2. 对我们的顾客的热情。

   能自己把握航海的风帆的人能够很快独自在海中航行。

——马丁·盖尔哈德·海森贝克,作家

你见过讨厌顾客却相当成功的销售员吗?

我们必须真诚、快乐地对待我们服务的人。对如何最好地帮助他们有真诚、坦率的兴趣。最后,生活中的幸福是建立在良好的人际关系基础上的。

3. 对我们自己的热情。

热情的人也会点燃别人。

——齐克弗里德·瓦赫,飞机技术师、作家

你必须深信自己及自己的所作所为。

为什么呢？

因为顾客会感受到这些。你的自信反映在你的肢体语言中,人们能从你的声音中听出。你不可能一直隐藏自我。

每天相信自己足够好并相信如果你做到这三点热情,成功自然会来。

你的三个可能

你现在可能对自己说:"我为顾客服务,但赚得却不多!"

如果你陷于这种情况,那你有三个改变的可能:

1. 换个工作领域,使自己独立。事实是,如果你想要变得富足,那从统计学角度讲你必须是独立的。
2. 继续从事现在的工作,同时再兼一份工作。
3. 不改变并接受眼前的情况。

有意识地做决定。之后你也没有权利再抱怨自己的情况,因为这是你基于自己态度做出的决定。这是你自己决定的生活,所以只有你对这个决定负责。

不要怀疑你的决定。 做出决定并关注它将会是正确的!

——佚名

另外两个选择是:

你如此爱自己的职业,以至工资对你不太重要

你热爱自己的职业吗？如果爱,那它就是适合你的。如果不爱,那请你尝试找出它的优势。请问问自己:从事这份工作的最初原因是什么？为什么我一定要做这份工作？我喜欢工作中的什么？

请你尝试继续找出对工作的热情。如果你现在在想:"不,我讨厌我的工作。我不想干了。"那你还有一个选择:

开始去做你热爱的事情

问问自己：我到底喜欢做什么？我的热情在哪里？我内在的使命和特点在哪里？

我怎么能以此赚钱？明天就去找你的老板并向他辞职。这是绝对愚蠢的。如果你没有另一半，没有孩子或者其他需要你承担责任的人，那就另当别论了。那就是说你只对自己负责并且可以从明天起做你想做的事。但是一旦你承担起责任，好好照顾信任你的人就是你的义务。

你知道《再见,德国》这个纪录片吗？VOX电视台陪伴那些离开德国去世界其他地方寻找幸福的家庭。我羡慕他们。真的……

如果详细计划和准备并对成功有现实的想法，那每个人都应该去追求自己的梦想。但是也总是有一些家庭,看上去是出于这样的心情想去漫游："我没有兴趣了,并想要从这里走出去！"例如有一对夫妇在德国经历了几次职业上的打击,拿着他们最后的积蓄去了马略卡岛。他们之前从来没有去过那里，也不了解当地的情况。他们的目标是为自己建立一个新的存在,可惜他们由于准备不足和过度的天真遭遇了失败并彻底毁了自己。

现在你可能说：
"我在我想做的方面有天赋。"
这也许是对的,但你也出色到能够以此赚来生活收入吗？

德国有上百万年轻人在足球上有天赋,但只有很少一部分好到可以以此为生；他们是出色的杂技演员或者魔术师,但其中只有很少一部分能够以此赚得生活收入；他们喜欢篮球,但只有少部分是好的运动员,能够将这份职业当做主业；他们喜欢画画,但他们的画能卖出好价钱吗？他们的收入能够保证生活开支吗？如果你能够用"是的"回答这个问题,那么请你一步步建立起你的存在,因为这是你的热情。不是所有人都能这样。

除此以外也有下面的建议：如果你不能建立起对自己的职业的热情,那请你保留确保自己和家人生活的这份工作,将你的热情尽可能集中地奉献给自己的爱好。

优质的客户服务
——德国的一个糟糕的话题

在企业中实际老板只有一个：顾客。如果他不满意，他有解雇公司所有员工的权力。你的目标是顾客腰包。

你的顾客维持你的生计。

是你的顾客支付你的工资——而不是你的老板。

再强调一遍,如果你没有顾客,你的公司就会破产,同时你也会失业。所以尽可能好地对待你的顾客。我们称之为客户服务。

我总是惊讶于德国的客户服务有多差。我认为原因在于我们已经习惯了这种糟糕的质量,以致我们默默接受这样差劲的服务,而不去抱怨。

糟糕的客户服务——无止境的故事。我想再给你讲述我的几个亲身经历:

不久前我去一家办公用品商店。开始售货员让我等了几分钟,尽管店里没有其他顾客,而且他表现得很不友好。几分钟后我怒不可遏并对他说:

"请你听好,我想要向你解释一点:你是你公司的支出,而我是盈利!"

他完全不懂我在说什么。

下面是一个你不会相信的经历:

我在巴德恩多夫(Bad Endorf)去家附近的一家超市。你知道在许多超市进门的地方会有面包房,这家超市也是如此。

那时,我站在陈列柜前,最左边的一个巧克力泡芙在向我微笑。那里有六个巧克力泡芙彼此挨着排列成三排。我发现,面对我左前面的巧克力泡芙要比其他的明显更好。

我清楚我想要哪个泡芙。

我等呀等呀等着服务员。过了一会儿始终没有服务员出现。我开始不安,发现柜台上没有按铃,我喊道:"你好?"从后面的屋子传来一个倦怠的声音:"马上来!"大约20秒后小步跑来一个满脸木然的售货员。

我看着她并说:"我想要你面前最右后面的那个巧克力泡芙。"

这种指示对你会有意义吧?她面对着我,从我这里看它位于左前,从她那里看就是右后面的。

而现在,对于这位女士这个指示完全超出了她的能力。

她将手伸向面对她的右前方的巧克力泡芙。我说:"不,不是那块。"然后她伸向左后的那个。我又说:"不,不是那块。"然后……对了!她终于找到了对的那个。

但之后我几乎被打击而晕倒。你知道这位女士怎样抓起那个巧克力泡芙吗?巧克力泡芙装在小小的大约两厘米高的纸袋里,以便人们能够干净、卫生地从下面或者旁边将它抓起。

这位女士从上面抓起我的巧克力泡芙——用她的肥手。

当她把它放在收银台旁边并用左手去抓纸袋时,我一半的食欲已经消失了。当她拿到纸袋后,不论你是否相信,在她再次拿起我的泡芙并把它装进纸袋前,她用舌头舔了舔右手的食指和中指。

我问她:"对不起,你在拿起顾客的食品前,总要舔舔自己的手指吗?"

她露出为难的表情:"哦,对不起!"

这位女士根本没注意这件事!

你认为我还会再去这家面包店吗?

完美的客户服务意味着什么,它有多简单,将由下面的例子解释:

不久前我在墨西哥,我的飞机在墨西哥城经停几个小时。那时我想要去趟洗手间,因为我在旅途中要经常定期刷牙。这是我养成的一个习惯。因此我去了墨西哥城机场的公共卫生间,站到洗手池前,取出我的牙刷,同时我发现自己是这个宽敞洗手间里唯一的顾客。没错,你听到的没错,我用了"顾客"这个词。我是唯一的顾客……除了那位厕所清洁工。

他站在我后面的几米处对我微笑。然后他走到我右面的擦手纸巾机边,小心地用非常准确的技术从擦手纸巾机中取出三张擦手纸并为我放到洗面池上。

我想:哇,多么好的服务!

那个男人是友好的、彬彬有礼的,为我服务并没有表现出纠缠不休。没说别的话,他再次回到他的老地方。

我专注地刷着牙。这期间许多人来到洗手间。每次当有人来到洗手池前,他都会默默地微笑着从后面走上前,从机器里抽出一张、两张、三张擦手纸放到顾客旁边的洗手池上,一句话也不说。

结果会是什么?

每个人,确实是每个使用者都会立刻自愿地将手伸进裤兜,给这个厕所清洁工一些额外的小费,尽管他从来没有摆过收集箱,人们把钱塞进他的手里。德国的大多数公共卫生间不是这样,那里有个看上去坏脾气的男人或者一个坐在门前的女人不友好地用那种要求"把钱放到我的桌上"的眼神看着你。而在这里,每个人自愿给这个看上去很可怜的厕所清洁工小费。为什么?因为他彬彬有礼且友好地对待他的顾客。是的,如果你去公共洗手间,你就是顾客。我们都是顾客。我被这样的服务吸引,最后我把10美元塞到这个男人手里……

我在这里给你讲这个经历会给那个男人带来什么?

顾客会讲自己的经历吗?是的,当然会。

如果你是顾客,你会继续讲你的经历吗?一定会。

你的顾客会继续讲述在你那儿发生过的经历吗?当然。

请你努力让你的顾客积极地而不是消极地谈论你。

你服务的人越多,你就越富有

服务可以是不同形式的。

为什么足球职业运动员收入那么高?目前一直在讨论,这种收入是否是夸张的并应该被限制。更有意思的问题是这些钱从哪儿来。

德国有多少热情的足球粉丝和观众?几乎每个德国公民、每家电视台、每家电台和报社都对足球感兴趣。

所有每周都去体育场、收看电视转播的人对此都负有责任。

我们是让钱流向俱乐部的顾客。他们当然把钱投资到尽可能好的商品——一支由好球员组成的好球队上。因为别人也想要把我们当做顾客,有许多为足球做广告的公司,我们能从球队的标识上看到。钱也是首先流向俱乐部,然后是球员。

问题不是足球运动员比篮球运动员好。我相信篮球在竞技要求和技术、合作以及体能上都是一项要求更高的体育项目,但是在德国,篮球职业运动员的收入远不及足球运动员所赚的,因为"观众"这一顾客更喜欢足球。如果你在美国,这则正好相反。在美国(美国篮球职业联赛)的职业运动员要比那里的足球职业运动员赚的多许多倍。你拥有的顾客越多,你的收入就越多——现在就是这样,你要相信这一点。

请保持在场

你应该出现在你的周围、你的工作领域中。请参加活动,公共事务、扶轮社或者狮子俱乐部,参与到你的团体中。请你不要把这与想要立即和别人做生意的内心想法相混淆。你要关注的是别人认识你。要做欣赏别人,令人信任并愿意与之共度时间的人。当你拥有这个名声,人们自然会自发地问你做什么工作。你将会惊讶于有多少人想和你合作。别人认为你有趣,因为你有乐观、开朗的性格。这是一个非常好且新的想法,不是吗?这就是我所指的"在场"。

"金钱"这个话题

我不是这个领域的专家,所以在这里我也不想谈论这个话题。我只想在这条路上告诉你一些我的看法:

* 你生活中最重要的目标之一应该是获得经济自由。也就是说,你拥有足够的钱以便你不必再工作,可以靠这笔钱的利息生活。从这个月起你能够在生活中做你想做的事,而不再做你必须做的事。

* 每个人都能成为百万富翁。这很简单,每月存钱并请你尽可能早地开始去做。

如果父母从孩子出生之日起每月支出43.42欧元作为基金投资,其利息平均为8%,并让孩子成年后以同样的总额继续该基金项目的话,这个孩子在65岁退休时就会成为百万富翁。

请计算一下:在这65年间这个人支出33727欧元,但随着总额和利率的上涨,这笔资金最后变成了966273欧元的巨额(在计算中没有计算物价上涨)。

从20岁开始存钱的话,那他每月要存入207欧元,30岁开始每月464欧元,40岁开始每月1093欧元(假设利率是8%)。

* 请你只与成功的并比你收入高的投资顾问合作!如果有人想卖给你投资产品,请你提两个问题:"你每月收入多少?""你有多少钱?"你的投资顾问必须至少拥有或者赚你三倍多的钱。他必须向你展示他在经济上明显比你当时要更成功。你不需要连他自己都不知道如何赚钱的顾问。在这个行业有很多这种人。

你向投资顾问提的第二个问题:

"如果你卖给我这个产品,对你个人有什么好处?"或者,"如果你卖给我这个产品,你会得到多少内部佣金?"所有基金公司和金融产品的发行人都会支付经纪人,当他们把产品销售给顾客,这就是所谓的佣金。过去在基金行业佣金经常不到10%。

你有没有考虑过,如果你的投资顾问无论如何会得到佣金,那你到底为什么还要将一笔支出用于购买基金?除此以外,你要他说他应该为你免除加价或者你们在佣金上对半分。

如果你想作为绝对的专家,那你再问你的顾问:

"基金的软费用是多少?"

这涉及的是固定费用如销货佣金、营销费用等。基金的软费用不该超过20%,最好是不超过15%。请你要求展示基金公司或者经纪人的项目决算表,你可以从表中看出过去有多少投资产品真的实现了公司初始的"利润承诺"。

在不稳定的时期只和大公司的经纪人合作。我本人喜欢汉堡的MPC公司的投资顾问。

它90%的产品在过去完成或者超过了期待利润值。

这家公司稳定、可靠。(不要害怕,MPC不会因为这几行字付给我钱;我也不认识这家公司里的任何人。)

在你提完以上问题之后,许多投资顾问会立即逃走。

这样就对了。不要掉进高利润的诱惑。

请你严肃地向在经济方面明显比你成功的专业人士咨询。你想,每个职业教练必须在每项体育项目上比他的队员懂得更多,否则他不能训练他们。为什么这点要与金钱这个话题有所不同呢?

另外,如果你想在投资顾问上寻求推荐的话,你可以与我联系。

我愿意告诉你我在和谁合作。

克里斯蒂安·毕绍夫对于"为别人服务"的要点总结(本章小结)

* 你每天去工作的三个原因:
  1. 为了帮助你的老板尽可能好地服务他的顾客。
  2. 为了尽可能好地服务你的顾客。
  3. 为了赢得新的顾客。
* 请与尽可能多的人做生意。
* 请提供承诺的服务,以承诺的质量,在承诺的时间内。
* 做得好以便得到后续生意。
* 推荐仍然是赢得新顾客最好、最简单和最有效的方法。
* 我们都需要对三件事情有热情:
  1. 对我们所做的事情有热情。
  2. 对我们服务的人有热情。
  3. 对我们自己有热情。
* 优质的客户服务:请你善良、友好并以尊重的态度对待你的顾客。

NO.9 对你所做的事情要抱有兴趣

●对所做的事抱有兴趣的人,会服务好别人并做好自己的工作。这样他们自然会取得成功。

●如果你停止工作去寻找乐趣并还只感到沮丧,那是对时间最大的浪费。

对你所做的事情要抱有兴趣

唤起兴趣就是生活——这会帮助我们前进，即使道路有时会陡峭和使人筋疲力尽。

——弗里德里希·马克思·穆勒，学者

在我看来德语中最重要的谚语是"伴有兴趣地做事"。

——罗曼坦·古里

你生活中有足够的乐趣吗？

坦诚地回答！我是严肃地提出这个问题的。

你真有你想要的那么多的生活乐趣和愉快吗？也许不是。谁该对此负责呢？现在请不要说："我的老板，因为我的工作如此无聊。"

我确定许多人没有像他们能够做的那样享受生活和拥有生活的乐趣。我们德国人在认真、严肃、有组织和程序死板上是世界冠军。

许多人完全忘记的一点：抱有兴趣。

你愿意把它叫做快乐、愉快或者喜悦。

我称它为乐趣。这里我指的不是你从明天起成为逗所有人开心的公司小丑。

我指的也不是我们需要一个轻浮的社会，在其中没有人承担自己的义务。

为了还能给自己带来乐趣，你得使自己舒适，同时对生活再严肃一点。

——奥托·埃里希·哈特雷本，德国社会批评作家、剧作家

我指的只是：

在生活中抱有兴趣，因为兴趣会带来更大的生活收获。

为什么兴趣这么重要

兴趣像阳光一样使人振奋。

——艾尔瑟·帕奈克，德国抒情诗人

我告诉你我的个人观点，为什么对我们所做的事情抱有兴趣这么重要：

如果我们对工作既没有兴趣又不感到快乐，那我们也不会把工作做得特别好。我们缺少的快乐会打击我们的心情，带来内心的不满、坏心情、恼怒和不友好。

所有这些因素都是导致我们消极态度的原因。带着这种消极的态度我们每天无意识地影响身边的人。

我们的另一半会为此受苦，在工作中我们不受欢迎并走向失败。人们远离我们，只有态度同样消极的人会来寻找这样的我们。这些会加剧我们的消极态度，因为我们想象所有人都针对我们。我们陷入抱怨、诉苦、发牢骚和永远的批评中。

糟糕和不快从那时开始：所有人都针对我们，生活与我们作对。我们要让所有人都知道这点。更多时候这使我们周围的人情绪烦躁。我们的婚姻走向破裂，失去工作，朋友远离我们。我们以存在的最小值生活。这时我们认为所有其他人都有责任，除了我们自己！

真的是这样吗？如果你照照镜子，就会看到这不幸的原因。也许在你看镜中的自己时，镜子甚至会痛苦地弯下身……

你认为这个场景太夸张了？好吧，也许有一点，或者也不是。我想使你清楚地认识到如果你在工作上没有兴趣，会发生什么。

没有兴趣人就变成一口冰冷的锅。

——斯瓦比亚谚语

如果你带着兴趣和快乐工作，那你会找到把这份工作真正做好的方法。你的快乐和优质的服务会吸引别人。这会使你更成功，更多成功带来更多快乐。工作中的兴趣和快乐越多，你就会提供更好的服务。在"服务"这个名词里隐含着动词"服务"——谁为别人服务得好，随着时间发展他就能够服务更多人，因此更加成功。

如果你还不能领会这个想法，或者草率地对它置之不理，那你很有可能是用消极态度影响周围的那种人之一！

成功带来新的成功所需的快乐，这快乐会带来新的成功。

——曼弗雷特·辛里奇，哲学家

这个原则适用于任何地方和任何行业，无论你怎么赚钱。我在企业中见过一些老板，他们用"一贯严肃"的领导方式把整个公司搞得一团糟。我也见过在工作中带有许多快乐和兴趣的老板，他们把这种快乐传播到整个公司，乃至房屋管理员。对这种老板中的一些，我表示了真诚的认可："我也想成为这里的员工。"

生活中不同范畴的乐趣

自身没有任何兴趣的人，会为什么事而感到高兴？

——约翰内斯·弗里德里希·冯·科滕多夫·科塔男爵，德国出版商

工作

我有三个重要的问题问你：

1. 你的工作给你带来乐趣吗？
2. 真的没有？
3. 那你为什么还做这份工作？

有人强迫你做目前的工作吗？

没有。

你是为别人而做这份工作吗？

不是。

你有责任向某人汇报你为什么做这份工作吗？

没有。

是你把自己带入目前的状况并只有你能改变这个。

一辈子去做不能满足你的兴趣，相反会使你内心变得不满和不幸福的工作有什么意义？

你想有一天在临终之时充满遗憾地说："我做了40年从来没有带给我乐趣、快乐和满足感的事情？"

如果你目前的工作不能给你带来想要的乐趣,那就去给自己找别的事情。同时请你记着:先寻找,找到,然后再换!

这里我指的不是你遇到问题应该逃避。学徒期如今不再是绅士期。收入低的实习位置不允许你有大的转变。接受!只要这份工作本身给你带来足够乐趣,使你愿意为此受折磨,那你迟早会好转,同时得到的工资也会证实这点。

> **如果对一件事有兴趣,那你也会严肃对待它。**
> ——盖尔哈德·伍伦布鲁克,德国免疫生物学家

我在巴姆贝克做了6年篮球教练。我们做的项目是德国最成功的项目,并在2005和2007年两次以冠军身份出现在德国篮球广告牌上。我充满快乐和兴趣地工作着——这样我每天都充满能量和热情。所有问题、挑战和阻碍都不是困难,只要我在这件事上有兴趣,我对所有问题总是好像有对应的解决办法。

直到有一天我醒来并发现这份工作不再给我带来那么多乐趣。那当然有更深层的原因,我不在这里继续解释,你了解所有这些原因。无论如何我很快意识到下面的问题:我在做这件事上不再抱有兴趣,因此我也不会再继续带来像那时做出的好成绩。这对我是无法接受的。我去找了经理并辞职。

因此我给你的第一个认真的建议:

> 如果你的工作不再带来乐趣并使你感到沮丧……那就说明该结束它了!

不要长期因为钱而做某项工作!对自己有勇气并相信自己能找到更好的事,给你带来更多乐趣的事。

伴侣

你感觉和伴侣的关系不再有乐趣?

那就分开。就是这么简单。收拾好你的东西,搬出去。这是你的生活。

你现在说:"没有这么简单,我结婚了。"

这不该是阻碍的理由。如果你受够了你的婚姻,那就离婚吧。

> 宁愿要完美的离婚,也不要糟糕的婚姻。

对你孩子更好的是在生活中有两个清醒的人作为榜样,他们承担对于生活的全部责任,而不是不幸福地生活在一起的爸爸和妈妈,而他们随时可能将被不幸婚姻捆绑的攻击发泄到孩子身上。这样的父母是用失败的婚姻给他们的孩子做出榜样。如果两个成年人是理性的,孩子在父母离婚后也能够很好地成长。

在一次个人训练中我和一位善良的女士共事,她的感情很不幸。她的男朋友很长时间以来对她没有表现出真正的兴趣。我对她的第一建议是:"分开。马上!如果你一直怀疑这段关系,那到它结束就只是时间问题。不要再等,立刻画上句号,其他的一切都是浪费时间。"我的话她并不相信。她列出所有那些熟悉的理由:"第二次机会","也许他会改变","我再和他谈谈",等等。

一年多过后我收到她的一封邮件,她写道:我搬出去了。这是她很早之前本该做出的决定。她在一份没有前景的伴侣关系中浪费了一年多的时间,这一年她本可以在内心拥有更多满足感和幸福并得到更多生活的快乐。

她一开始本该听从的是什么?听从她的内心!多相信你的心,内在的声音。放下做这些决定时的害怕!

朋友

又是一个棘手的话题。我不再和我不喜欢的人见面。如果这种会面是不能避免的,那我尽量缩短它。这种态度会给我带来一些冲突,和我的生活伴侣也是。我拒绝和她参加没有意义的茶话会,那里只谈论不重要的废话。

这种态度是我自私吗?确实。我推荐你培养同样的态度。只有你决定谁是你的朋友,所有你不想成为他的现状(因为这不能给你带来乐趣)的人,你可以从朋友名单中将他们划掉。

工作以外的生活

你的爱好会给你带来乐趣吗?你经常旅行吗?每年你都有想要的足够的经历吗?如果不是,为什么不干脆这么做呢?

如今几乎所有人都能支付得起环游世界的费用,为了去了解其他国家和大洲。你不必住在最高级的酒店。一张机票也没有多少钱！你一直想要去澳大利亚、新西兰、南非、加拿大或者秘鲁？你没有多少钱？装起你的背包，买张机票，直接出发！这并不难也根本不贵。旅行会带给你许多新的感受，这些感受经常、长期并持续地影响你。最好的发现不是产生于实验室，而是在山中或者水边的漫游中。

去年夏天我骑自行车旅行，途经美国太平洋海岸的1号高速公路。这曾是我一直想实现的梦想。这是一次难以置信的经历，欣赏了许多迷人的自然景色，体会了无数经历——一些坎坷和打击，同时还有乐趣。我向你承诺：一旦你有过一次这样的经历，你会想在未来不断去这样做。

我想给你讲述这次旅行中的一个经历，今天这件事还会令我大笑：旅途中我被袭击了！

事情是这样的。我在圣弗朗西斯科和洛杉矶之间的途中，那里有大约90里的路程需要人们在自然环境中穿行。在这段路上有许多我想要欣赏的景点和自然公园。我在那儿花了太多时间，以致在黄昏到来前我根本骑不到下一个有汽车旅馆的大村庄。结果是我不得不在下一个露营地过夜，那里也有一些为骑车人提供的露天位置。那时是五月份，在这样的月份，夜里的气温会降到5摄氏度。我没有带帐篷，露营地也没有热水淋浴。迎接我的是一个寒冷漫长的露天之夜。

为了稍微驱逐这种痛苦，我买了一些木头，点起篝火，躺在附近的一小块地方睡觉。因为身体极度疲惫，我很快睡着了。

半夜我突然被一声剧烈的响声吵醒。我吓了一跳。篝火已经熄灭了，周围一片漆黑，我甚至根本看不清自己的双手。我的身体因寒冷而发抖。我发现身边有什么在动，在朝我的背包移动。我挪向这个未知的东西，它立刻逃跑了。是动物？或者还会是什么呢？几秒钟后我的包又从另一个方向遭袭。我看不见，怀疑地抓住自行车，举起前轮，发动起车子，前轮转了起来，为了几秒钟后在车灯光中能看清什么。几只动物的眼睛看着我，惊恐地逃跑。当前轮一停下，那些动物就又回来了。

几分钟内都是这样的——这对我来说是一场没有希望的战斗。敌人数量增多并无法平息，我必须整理我睡觉的地方！我匆忙地收拾起东西，看一眼时间，才两点半！

那时的天色对于在这么荒僻的地方的马路上继续行驶太黑了，那实在太危险了。但我的肾上腺素水平上升到如此高，以至于根本无法再入睡。因此我差点儿被冻死地坐到露营地中间的一棵茂密的树下，唯一的一盏路灯远远地照到那里。我颤抖地等待黎明到来。伴随着第一束阳光我准备好再次出发。

在离开露营地时，我发现一块巨大的牌子：Watch the raccoons！——小心浣熊！

我停下来，看看我的背包，所有食物都不见了。我被浣熊袭击了！

它们偷走了我所有吃的！

享受生活中的乐趣

这句话在你眼里也许和我刚刚所说的相矛盾。当然当你对某事不满时,你要做出改变。

> 不满是好的。人类总是在真的感到不满时才会去改变。

但是你也要学着享受你现在这样的生活。这是一门艺术。我们已经习惯于我们富足的德国,以至于许多人根本不知道不懂得珍惜我们生活在完全充裕的环境中。

你拥有一切你需要的东西。学习认识生活中的这些美好,为之感到高兴和感激。

追求改变和改善,珍惜和享受现状

请相信我,生活对于我们所有人可能更糟糕!

有一年夏天我与德国国家青年队在马其顿参加欧洲冠军杯。

马其顿是一个非常贫穷的国家。一方面我对那里的人所拥有的那么少而感到震惊,另一方面我被其吸引,因为尽管那里的普通公民所占有的远不足一个德国人所拥有的一小部分,但他们总是友好的,乐于助人并且心情很好。震惊和吸引——这两个极端感觉很少会如此紧密地联系在一起。

我在这两周中从马其顿人身上学到了很多。

在第一次训练时,我认识了我们在接下来两周的房屋管理员和负责人——60 岁的斯拉文和 70 岁的伯格。在第一眼见到他们时,我就清楚地看出他们一生都过得很穷困。但他们拥有无价的性格:友好、真诚、乐观和对生活的乐趣!

斯拉文和伯格两周时间里为我们做了所有事:擦地板、保持房间清洁、供应饮用水,最主要的是他们每次总是微笑着迎接我们的到来。

第一次训练结束时,我们送给他们一个带有德国国旗的小纪念章。在赠予礼物那一刻发生的事,我永远不会忘记:

他们如此高兴,以至他们走向每一个队员和代表团成员,亲自拥抱他们来表示感谢。我们的队员睁大眼睛,无语地站在训练馆里……

斯拉文和伯格拥有的到底有多少,我在第五天才意识到——当两个人一直还穿着同样的衣服坐在训练馆里时。

因此我在离开的前一天带着一百欧元去了超市,买了满满四大纸箱的食物和四件T恤(在马其顿一百欧元买到的东西要比在德国多很多)。

然后,我开车带着这四只箱子来到训练馆找到斯拉文和伯格,我逮住一个翻译并请他向两人解释,这是我个人送给他们和他们家人的礼物。

两人高兴到不知道如何表达。他们给了我真诚的拥抱,但他们看上去好像激动得不得了。

第二天一早我们四点半从酒店出发去机场。在我要上大巴的那一刻,有人从后面叫我。那是训练馆的翻译,他气喘吁吁地跑向我说:"先生,我一直在找您,我要替斯拉文和伯格为您送行,在他们一生中还没有人为他们做过您昨天所做的事。他们会永远在心中记着您。"

那个场面我永远不会忘记。

我从那次经历中学到:

感激你拥有的一切,为你的生活感到高兴。因为下面这句"狡猾的话"确实是对的:我们在德国要比世界上98%的人生活得更好。

最愚蠢的激励话语之一

工作经常就是艰苦的工作。这样是好的。工作是我们生活的中心并且也是我们所有满足感的来源——或者也不是。

永远不要遵循这句最愚蠢的激励话语:

"热爱自己所做之事的人一生都不必辛苦地工作!"

我想知道是谁创造的这句话。在获得所有乐趣和快乐的同时,工作经常还只是工作,它就是这样并且永远这样。

如果你只做对你来说有意义的事,那你很可能是个避世者或者根本没有收入。如果这是你自己的决定,那么好,在这方面你一定不会特别成功。

此外适用的还有:

享受工作中的乐趣——尽管如此,我们仍必须工作。

许多人的最高艺术:
自嘲

为什么总表现得那么严肃? 做一次诙谐的人,人们会朝你飞来。

——艾哈德·豪斯特·贝勒曼,德国建筑工程师、诗人你有幽默感吗？上百万德国人看上去丝毫没有幽默感。人们从一个人的幽默感上能看出他个人的成熟程度。

在我的演讲中我会用下面的永恒的经典来测试我的听众到底有多少幽默感：

"你们当中谁有幽默感？"

你可以打赌所有人都举起手来。

然后我继续说道：

"二十秒后你就知道，确实是这样还是你欺骗了我。不久前调查发现三分之一的德国人都很丑！"（根据我了解，许多听众认为这很有趣。）

"现在请你悄悄地看看你右边的人，然后左边的……如果这两个人长相都还可以，那你一定是长得丑的那个！"这时大多数人会开始大笑。

"如果你没有笑，恭喜你，你是那百万分之一的德国人！"

乐趣没办法翻译给那些不理解乐趣的人。

——艾哈德·豪斯特·贝勒曼，德国建筑工程师、诗人

我坚信，从幽默感上要比从所有其他性格特点上能更快了解一个人的成熟度。最好的同时也是最难的幽默是自嘲的能力。不把自己看得太重。

在我的报告中我开自己的玩笑，这些玩笑看起来很受听众的欢迎。有一个玩笑是这样：

有一次，篮球队组织一部分人参观农场。这是一个关于"运动员支持农民"的项目。为了使活动能够具有广告收益，我们当然也邀请了媒体过来。一位摄影师在猪圈里为我拍照。我对他说："你们不要在照片下面写那样的蠢话，如'毕绍夫和猪'等等！""不会，不会，当然不会。"

第二天我和猪的照片出现在报纸上，下面写着"克里斯蒂安·毕绍夫，左三"。

严肃地对待你的职业和生活——对自己不要太严肃。没有人像自己希望的那样重要。因此对我适用的是：

> 在所做的事上和整个生活中拥有更多乐趣！

对待事情我们必须拥有比它应得的更多快乐，尤其是我们已经很长时间比原本的更严肃地对待了它。

——弗里德里希·尼采

克里斯蒂安·毕绍夫对于"兴趣"的要点总结（本章小结）

* 许多人在生活中完全忘记了一点：抱有兴趣。
* 如果你在工作上和生活中感觉不到快乐，那就会产生一种消极的态度。你用这种消极的态度毒害了你的周围并且最终剩下孤单的自己。
* 对所做的事抱有兴趣的人，会服务好别人并做好自己的工作。这样他们自然会取得成功。
* 如果你停止工作去寻找乐趣并还只感到沮丧……那是对时间最大的浪费！
* 宁可要完美的离婚，也不要糟糕的婚姻。
* 更相信你的心，你内心的声音。
* 远离你不愿与之在一起的人。
* 学习享受现有生活中更多的乐趣。
* 不满足是好事。通常我们只有在真正感到不满时，才会做出改变。
* 最高目标：追求改变和改善，但仍珍惜和享受现状。
* 感激你所拥有的一切，对生活感到高兴。
* 最愚蠢的激励话语之一："热爱自己所做之事的人一生都不必辛苦地工作！"工作经常只是艰苦的工作，对于每个人。
* 拥有生活中的乐趣——因为乐趣越多，得到的（生活）效率越高。

NO.10　顽强和坚持
——成功要靠艰苦的工作

●为了在你选择的某件事上做出改善并取得成功,那你要计划10年时间,如果你是从零开始。

●顽强和坚持是坚固的成功保障。

●偶尔你必须改变路线——在道路把你带到死胡同之前做出改变。

●只有在阻碍前才能显示你有多顽强。

顽强和坚持——成功要靠艰苦的工作

成功的秘密在于坚持，坚定不移地追寻目标。
　　　　　　　　　　　——本杰明·迪斯雷利，英国政治家、小说家

如果你打算创立一家公司，那么就谨慎地开始着手；你要坚持所选择的事。
　　　　　　　　　　　——比亚斯·冯·普利内，希腊七圣人之一

如果你没有顽强和坚持的精神，那你永远不会向你期望的那样成功。许多人设定目标，许多人了解自己要做的最重要的事是什么并有了计划。然而成功最后在于顽强的精神，人们在做一件事时所保持的顽强精神，在于人们显示出的坚持，因为在实现目标的过程中很少能没有困难和阻碍。

> 缺少坚持是许多人失败的主要原因。他们过早地放弃。
> 如果在某件事上坚持，那成功迟早会到来。通常迟来多于早到。

大多数人不能等待这种"迟来"并在那之前放弃。如果你坚持得再久一点，就会达到你的目标。

你需要时间

坚持迟早会得到回报，但回报通常会迟来。
　　　　　　　　　　　——威廉·布什，德国漫画家、作家

> 为了在你选择的事上取得成功，你要计划10年时间，如果你是从零开始。

一下砍不倒一棵树。
　　　　　　——德国谚语

我有一位做投资顾问的朋友叫做菲利普·穆勒。菲利普1998年在汉堡独自建立了他的投资公司，并把在金融业务、投资和养老金上尽可能好地帮助别人作为自己的生活目标。他知道这行由于许多不负责的供方而深受不好名声的限制。市场上奔走着许多公司和个人，他们想用投资人的钱赚快钱。菲利普一开始就知道他需要耐心并且必须通过对顾客无人可比的个性、真切的关怀和照顾从大众中脱颖而出。他的第一个目标是服务好他的第一批顾客，让他们能够为自己做推荐，在这项生意中满意顾客的口口相传是唯一有效和持续的广告。第一批潜在顾客中有一个人那时想在他那里投资5000马克。为了让这个顾客相信自己是他的合适伙伴，菲利普必须三次横穿德国到顾客那里，支出和收益在这种情况下都不重要。在付出一笔不小的支出后他说服了这个顾客投入了5000马克。当菲利普在第三次拜访并想要放弃时，他的顾客好奇地问他："你怎么能靠这样的事生活呢？"

菲利普回答道："我不能，这是不可能的。"

"那你为什么还投入这笔开支？"

"因为我希望你对我满意，也许你某一天会向一位大客户推荐我。"

仅仅四周之后这位新的顾客将菲利普·穆勒推荐给一位大客户，这位客户以后在他那里投资了120万马克。

今天，公司成立近10年后，菲利普和他的公司所管理的投资总额达8000万欧元。

如今他笑着回首往日——他为了5000马克必须三次横穿德国的时候。

他成功的秘诀是顽强、耐心和坚持。

"万事开头难"，坚持则更难。
　　　　　　——恩斯特·雷恩哈特，哲学博士、瑞士出版商

> 像邮票一样，坚持某事，直到到达目的地。

另一个印象深刻的例子是我的朋友赫尔曼·奥博施耐德。赫尔曼是一个热爱体育的奥地利年轻人，他在少年时曾作为体坛名将而引人注目，在学习成绩上却从来不突出，他以糟糕的平均成绩从普通中学毕业。但是赫尔曼从小就热爱滑雪并梦想能获得成功且在经济上独立，可他因为指甲受伤不得不终止自己的滑雪事业。之后也就是上世纪90年代初，他把自己所有的精力投入到卡普伦小镇的基森斯坦豪恩山下的一家小型的滑雪学校上。那时他必须与两家大的、古老的滑雪学校竞争，这使他作为年轻企业家的生活艰苦无比。

如今赫尔曼的滑雪学校在卡普伦首屈一指。以全心投入和热情，他用了大约10年的时间创造了滑雪学校中的最高质量水平。

这还没有完，在他的滑雪公司成功经营的三年后，他创立了一家激励公司并以此为自己赢来第二个事业支柱，接着他又建了团队训练的绳索园。

赫尔曼开始做的事情都百分之百地投入，并总是要求自己成为这一领域最好的。他都实现了。

最后赫尔曼建了一个全套的商场，也就是卡普伦的 Ski Dome，它的服务宗旨是"一切为了你的滑雪享受"。那是一个冬季运动者的服务中心。如今在那里顾客能得到他们为一年之中最美的日子所需要的一切。不论基础设施还是员工素质，卡普伦 Ski Dome 都成为奥地利滑雪界的标准。

被赋予了成功的翅膀，赫尔曼·奥博施耐德将新的目光投向世界，他要将产品打造成世界品牌！被他的企业热情驱动，这次他也成功了。没有多久，机会的大门就自动打开。赫尔曼·奥博施耐德成为 MBT 的合伙人。MBT 生产健康行走和站立在世界城市舞台上的鞋。上世纪90年代末 MBT 对于狂热的健康爱好者只是一个概念。公司每年能达到固定的销售额，但是不具备一致的方案、全球的网络和成熟的全球营销策略。赫尔曼瞬间发现了这种鞋蕴含的巨大潜力！这种鞋能帮助世界上所有人实现在穿着鞋底柔软的舒适鞋子时，感受笔直的站姿和健康的行走。赫尔曼的目标明确：从 MBT 中打造出一个世界品牌并拟定一个有全球说服力的市场和销售方案。

在这条路上他也必须对抗一些打击。但最后只有事实具有说服力：如今 MBT 公司市值约五亿美元。赫尔曼·奥博施耐德，这个从小以令人钦佩的坚持和顽强追随目标和设想的人，超越了他原本设定的成功并实现了经济独立的目标。

赫尔曼的例子还说明，学习成绩与一个人在生活中能够取得的成功没有关系。因为成功不能用不够好的普通中学毕业成绩来解释，而是取决于一种无价的性格——顽强和坚持所引领的极大的意志力。

坚持：意志力战胜舒适感。

——曼弗雷特·格劳，德国企业经济学家、出版商长期坚持是所有胜利的秘诀。

——菲尔·博斯曼斯,比利时骑士会教士

不论你的目标是什么——请你坚持

你的目标只是你的目标,与别人无关。但是请你坚持——不论它有多困难。

只要坚持,蜗牛也能到达避难所。

——查尔斯·哈顿·司布真,英国神学家

19岁时我开始我的职业篮球教练生涯,同时我决定不读大学,因为通常情况下这两者无法协调。尽管如此,我还是想得到大学文凭并努力去做。四个学期的教师职务学习以及在居住地和大学之间的奔走后,我放弃了在慕尼黑LMU(路德维希马克西米利安)大学的学习。1999年我在哈根远程大学申请入学,因为我想要成功地完成经济学的学习。同时在竞技体育的工作压力下,我面临的是至少持续5年的独立学习——在我的写字台前。许多人对我说,在这种工作压力下不会取得大学学位。我不知道你会怎样,但当有人对我的目标说:"你不行!你做不到!"这反而成为我最大的动力。带着向所有批评者证明的动力,我成功地开始了大学学习。

但是3年后我迎来了致命点。完成了中期考试,但到最后顺利毕业还有一年时间,包括学位论文。我的每一天都是一样的程序:早上起床后学习,然后是上午训练,下午再学习,傍晚再训练。许多人不理解的是远程大学学习至少和实体大学的学习有同样多的学习量。在这阶段对我来说只有一个目标——每天、每周都思考的目标,一小步一小步接近目标。我在亲自实践我总对队员讲的话:顽强和坚持。接下来的几年又有一些打击,但是有规律地学习14个学期即7年后,我终于做到了:我拿到了商学硕士的证书!

坚持是集中精力的耐性。

——托马斯·卡莱尔,历史学家、社会政治作家

偶尔你必须改变路线

我年轻时一直的目标是成为职业篮球运动员。这个目标看似很快会实现。16岁时我受雇进入德国篮球国家队。两年后我得到美国提供的体育奖学金,我感激地接受了。事业好像朝着期望的方向发展,然而一年后由于严重的椎骨问题我不得不脱下篮球鞋。那

时我面临着抉择。今天我知道由于身体原因的那次选择可能是我生活中做出的最好的一次决定。请你牢记：关键的是你生活中做出的选择！因为选择决定你的生活！

不是萎靡不振，也没有同情自己，我立即为自己设定了新的目标：我想成为国家篮球队教练。19 岁时，我开始了我的教练事业——作为国家二队的助理教练和地方队主教练。仅仅两年后我迎来请我做国家队主教练的邀请。我感到受人尊敬，但我拒绝了邀请，因为我在心里感觉这一步来得还早。第二年我又收到同样的邀请，我又一次拒绝了。第三年还是拒绝了。到了第四年我才接受并换到巴姆贝克做国家队助理教练。仅三个月后因为没有预料到的成绩，我在一夜之间成了国家队主教练。

接下来的几周我很快为自己确定一件事：这不是我在余下的生活中想要从事的职业。我每天每周都感到压力，必须赢得比赛的压力，持久的公众关注和一切与成绩相关的义务。我必须尽快改变我的生活目标，无论如何不再做国家篮球队主教练。

有时你要真诚地对待自己。

如果一件事对你不再重要，那就改变你的方向。

改变路线，在你走到死胡同之前。

对待阻碍和障碍

> 有时为了坚持走过漫长的沙漠地带，人得像骆驼一样。
> ——弗里德里希·罗西内尔，德国教育家、诗人、作家

每当遇到阻碍时，大部分人会放弃。他们就是那些失败者，随时准备好为别人提供善意的建议，但从来没有在生活中独自取得什么成功。

如果你面对阻碍或者走入死胡同，请你立即停止工作。停下来并思考你克服、战胜或者避开阻碍的三个可能性。面对每个阻碍你都有三个可选择的建议用来解决或克服阻碍。有许多不同的选择，而你必须给自己时间和增加耐心去找到这些方法。在头脑中保持以解决问题为导向——不要向问题让步，顽强地坚持，直到你找到对你有效的解决办法。

> 坚持和果敢是两个确保所有公司成功的个性。
> ——列夫·尼古拉耶维奇·托尔斯泰

克里斯蒂安·毕绍夫对于"顽强和坚持"的要点总结（本章小结）

* 为了在你选择的某件事上做出改善并取得成功，那你要计划10年时间，如果你是从零开始。
* 顽强和坚持是坚固的成功保障。
* 偶尔你必须改变路线——在道路把你带到死胡同之前做出改变。
* 只有在阻碍前才能显示你有多顽强。
* 顽强和坚持与以解决问题为目标的想法共同带来成功。

NO.11 有问题就问

●如果你需要什么,那就请你对此提问。

●你提出的问题的质量决定你的生活质量。

有问题就问

问题多的人学到的也多并感觉舒服，尤其是当他的问题与被问者所知道的相符。因为他给了他们讲话的机会并为自己收获了持续不断的认识。

——弗朗西斯·冯·韦鲁勒姆男爵，政治家

这就是下一个态度定位，一个除了简单几乎没有其他特点的定位：
如果你在生活中想要什么，那就对此提问吧！
是的，与人交谈并提问！
大多数人根本不清楚，如果他们有勇气提问，他们会生活得多么简单，他们了解、经历和拥有的能多多少！
因此——
如果你想知道什么，那就提问！
如果你需要帮助，那就请别人来帮助你！
如果对某事你还不清楚，请你提问！

通过我不耻于请教那些我不知道的东西。
——伊玛目·穆哈穆德·贾瓦里阁下被问到他是怎样达到博学的至高层次时所说

不要总是独自尝试所有事，而是要向别人寻求支持。在德国有8200万人在你左右，一定会有人能够帮助你解决问题，只是人们无法从你的眼中读出你需要什么。
我们必须自己张开嘴巴，至少要提问。
如果你还从来没有有意识地实践这点，你就根本无法想象当你问他们时，他们会做什么。
请你从明天起坚定地尝试。你在一个陌生的城市不知道要去哪里？那你最好与行人交谈，问问他们。
你在商场里找一件商品？为节约你的时间，最好的办法是问问售货员。
你在从车里卸货时需要帮助？请你拦下路上第一个迎面而来的人，并礼貌地问他，能否帮你一下。

你认为有几个人会拒绝？我还从没经历过。持续的提问会使你的生活变得更轻松，这是你能够轻松学会的能力。

大多数人不相信自己能越过阴影并简单地提出要求。孩子大多数时候在这方面没有问题，而我们成年人却会有。

所有傻瓜都会给出回答，如果人们要他出主意，只有重要的人会提问。

——艾博·费尔迪南多·加利尼，意大利国家经济学家、作家

我总想亲自了解我的训练楷模迈克·沙舍夫斯基和他在杜克大学的篮球项目。6年来我一直询问、打听、问了不同的人。每年我都直接给那所大学寄信询问，但每次收到的答案都是"不行"，但是我不想接受这个"不"。我以前学过，"不"根本不意为否定，而只是"这样不行"或者"还不行"。我持续了5年，直到有人能够通过他的关系帮助我得到杜克夏季篮球俱乐部的邀请。从那时起，我每年都会收到邀请，但是在到达这点前，我必须"询问"6年的时间。

如果你认识一位生活经历丰富的人，某个已经达到你想要实现的目标的人，那就缠着他向他提问！提出一个问题，闭上嘴，认真听，不要打断，并要做好笔记！

提问者是无知的，直到他得到问题的正确答案。 自以为是的人永远不会得到正确答案，因为他没有提出过问题。

——维利·梅列，德裔加拿大商人

许多事，如果你不问，就不会完成。你根本不相信，如果询问了别人，你都能得到什么。

当我完成了我的《动力时刻》一书的手稿时，我给差不多50家出版社写了信，询问他们是否有意愿出版此书。40家出版社没有回应我，9家出版社书面拒绝了我。但有1家对手稿感兴趣，这家出版社帮助了我，这本书今天已经第四次再版。通过这本书我得到一些由热情的读者发起的讲演任务，同时这也是我作家职业的开始。你现在拿着的是我的第四本书……

讲话是银，提问是金。

——阿尔弗雷德·舍拉赫尔，瑞士快乐主义者

去年夏天我实现了多年的梦想：骑自行车沿美国一号高速公路从圣弗朗西斯科前往

洛杉矶。我从来没有做过这样的旅行。

做准备时,我在网上提了一些关键的问题并得到比我想象的多得多的回答和信息。我在飞往圣弗朗西斯科的途中向尽可能多的美国人讲述我的计划。八小时后我感觉自己已经完全了解了圣弗朗西斯科和我必经的每条街道。当我走下飞机时,我清楚地知道我必须乘快轨去哪里,第一家提供自行车例行检查的商店在哪里,我途中能看到的幸运景点有哪些,以及第二天我怎么能最快地出圣弗朗西斯科朝东走。

我必须投入的只是几个准确提出的问题。

所提问题的质量决定你生活的质量

当我开始我的演讲者生涯时,没有人对我的演讲感兴趣。我不断询问别人是否愿意邀我做演讲。当你开始询问别人,直到有人说"好的"就只是时间问题,总有人对你做的事情感兴趣。我的整个演讲事业完全以自发为基础。我问了尽可能多的人、顾客和代理。

终于我的演讲获得了成功,感兴趣的人开始主动来邀请我。

> 没有愚蠢的问题——愚蠢的只是不提问的人。
> ——安可·马格奥尔·齐尔氏,德国抒情诗人

你的工作是销售员并且你对顾客数量不满意。

这很容易改变。想在销售中取得成功,你必须符合两条标准:

1. 有件好产品(伟大的产品更好);
2. 询问尽可能多的人是否想买这件产品。

你的产品好吗?很好。那你必须还做一件事:问,问,问,问,问!

你想象一下你在一整年里每天只多问两个人,他们是否愿意买。这就是 730 个额外的潜在顾客。顾客原则上有两个回答:是或者否。

对于否定的回答你个人不要在意,你确实不必在意,因为没人对你和你的需求感兴趣,否定的回答只意味着你的产品此时没有满足被问者的需求。

但是 10% 的被问者会说"是的",这就是每年 73 笔额外的销售,这些额外销售需要的只是一句询问。

请从今天开始提问

通常我们不问,因为我们害怕被拒绝。我们必须放下这种恐惧。"不"并不是完全的否定,而只意味着"还不行"或者"今天不行",并且它也不意味这位顾客在未来也不会购

买。我在工作中总是不断经历：在与一位潜在顾客的前五次接触中他总对我的询问回答说"不"，即便他对我的活动感兴趣；第六次他突然说"好的"，甚至自发地亲自打电话给我。

为什么会这样？因为那时对他是正确的时间点。

不要着急，列一张单子，在上面写下所有你想要但却没有勇气去询问的东西，在工作上、家庭中、学校里。在每点旁边写下是什么阻碍了你去询问，你害怕什么。接着写下不询问花费了你什么，并在旁边写如果询问的话你会得到什么。

包括你所有生活领域（职业/事业，财政，人际交往，健康，空闲时间/爱好，家庭，个人），写下那些你在这些领域必须问的事情，这些事可以是如涨工资、推荐、回复、帮助和支持或者类似的。

克里斯蒂安·毕绍夫对于"提问"的要点总结（本章小结）

* 如果你需要什么，那就请你对此提问。
* 你提出的问题的质量决定你的生活质量。

NO.12 正确对待自己和别人

●在关系你自己的生活时要完全以自我为中心。

●独立的人具有吸引力。

●强迫自己远离你不想与之有任何关系的人。

正确对待自己和别人

交往反映个人。

——欧里庇得斯,希腊悲剧诗人

与人交往是保持既真诚又亲切的能力。

——吉恩·保罗,德国诗人、政治评论家、教育家

没错,本章的题目是有意识这样选择的:首先你要正确地对待自己,然后才是别人!

你是你自己在这个世界上最重要的人,因此在你能够给别人带来积极影响之前,你必须关心的人是自己,包括正常的个性和性格。下面的简单原则适用在此处:

> 如果你本人正常,那通常你周围人也正常。但如果你自身有问题,那通常你的周围也出现问题。

你认识看上去按照下面的原则生活的人、家庭或者夫妻吗?

"你关心我的话,我就关心你。"

这不是好的生活态度。如果人们做事完全依赖于另一个人,那这将是怎样的生活?

"请关心照顾我,以便我不会有什么事。那我相对应地也照顾你……"

按照这个原则生活的人一生都不能看到镜子中的自己,也不会承担起自己对于生活的责任。

> 每个人都是由自我决定的,但是只有成功的人才承认这一点。

让我们一起改正这个态度:"你关心我的话,我就关心你。"我不知道你在这件事上有

怎样的原则，但是对我适用的生活原则是：

> 我为你照顾我自己。请你也为我照顾你自己！

这听起来不是很有逻辑性吗？你必须首先照顾你自己并关心你自己是否一切都正常，因为这是你能够照顾和帮助别人的基础。

如果你精力充沛、健康、有活力并且从不卧病在床，因为你关心自己的健康，那么你能够在工作上和生活中帮助你的家人以及别人，无论用什么方式你总会赚到钱。但是你如果超重并久病，因为你一辈子都吃不健康的食物，而且吸烟、喝酒，运动对你来说很陌生，那你对别人来说最多是个沙袋，因为你还指望他们的帮助，但是没有人会再帮助你。所以请你照顾自己，以便能够为我提供帮助。

一切从自身开始

每个人都应该从自身开始——大多数人不这么做。为什么呢？

因为没有人支持你。因为在这个世界上实际没有人对你感兴趣，所有人只关心他自己。

经常会有人问我，在研讨会和演讲行业我最重要的成功要素是什么。我的回答是："你要明白这与你无关。没有人对你感兴趣。每个参与者关心的只是他们自己。"

> 拒绝利己主义的人也拒绝自己。 拒绝自己的人则会成为祭祀羔羊。
> ——阿尔弗雷德·舍拉赫尔

然后我继续说：

"我来向你证明，有谁在来这次活动的路上会花一秒钟时间去想，作为演讲者的我是不是确定到了活动现场？有谁希望过我不要塞车，我是健康的，我心情好并且身体舒适？没有！你想的只是但愿活动有趣，以便你花费的金钱和时间得到回报。不是吗？"

生活中总是这样。没有人对你感兴趣。每个人首先想到的是自己。这就是事实。

个性

从小你就被告知不要自私，对吗？人们这样让你信服了一个错误的道理。

当然你应该与别人分享你的财富、你的能力和你的其他东西——这点完全清楚。

> 在关系你个人生活的事情上,你应该完全以自我为中心。

是的,利己主义是好的!如果你像希望的那样以自我为中心并发展你的生活——你发展能力和优势,你做你擅长并能给你带来乐趣的事,那么你迟早也会帮助许多其他人。

带有热情充分发挥自己的强项并擅长此事的人,会有丰厚的收入。用这些钱他能更好地照顾家人,和他们做更不寻常的事情并帮助许多其他人,例如通过捐赠。如果这种人一生都把利己主义摆在后面,他们一定不会有很多成就。

你首先对自己负有责任。如果你不能为自己做些好事,那你也不能为别人做事。正确引导的利己主义将成为服务的一种形式。你变得越好,你就能用你的能力帮助越多人。你帮助的人越多,你自己的生活就会变得越好。

我的大错——我不能宽恕自己的错误是有一天我停止了执拗地追寻自我。
——奥斯卡·维尔德,作家

在时间问题上你要非常自私,不要让时间小偷偷走了你宝贵的财富,到处都是这种小偷。请你学习坚定地对你不感兴趣的事情说"不",这样你便可以对自己确实想做的事情说"是";不要参加没有意义的茶话会,在那里只有对上帝和世界的抱怨,如果你不想在生活中传播这样的事。除了这些,请你对自己确实想做的事说"是",将你全部的注意力奉献给这些事。你将交上更好的工作成果并也能帮助更多人。

在你提供的帮助上也要非常自私,这里我指的不是你不应该帮助别人,我们都知道在社会中有许多人需要帮助。

但事实是,大多数人不想要别人帮助自己并根本不知道珍惜你的给予,请你根本不要帮助这些人,不要为他们浪费你的时间,因为你会耗尽自己的精力。相反你要经常问自己:"我在生活中最愿意做什么?""我怎么能最好地服务别人?"

嫉妒

这是我们必须尽快摆脱的一种病。

> 嫉妒只产生于两种原因：缺乏自我价值感和缺乏信任，或者其中之一。

嫉妒的后果总是破坏性的——在你的交往关系和你的智力上。

嫉妒者贪婪地寻找他害怕找到的东西。

——奥托·维斯，德国抒情诗人

中学时我有一个欣赏的同班女同学，我怀着景仰的心情凝视她，我尝试所有赢取她芳心的方法。问题是那时她有固定的男朋友，整天、整周、整个月我都充满嫉妒，因为我知道在她的生活中有另一个男人。我想要和这个女孩在一起。在我们的"关系"中有几段时期，那时她几近和男友分手。但是最后这没有发生，中学毕业后我们彼此音信全无。这段共同的时光对我来说非常沉重，因为我的心被嫉妒紧抓并且这在我的体育成绩中造成明显影响。

在这次经历后，我为自己画下终止符并发誓以后不再嫉妒。爱是不能勉强的：如果这个人爱我，那他终会朝我走来；如果不爱，那他就不会来。但是如果你继续寻找，这世界上一定有另一个爱你的人存在。所以放弃你的嫉妒吧！

我们总是把嫉妒视为对自我缺点或者不可爱意识的爆发。

——杰里迈亚·戈特黑尔夫，瑞士牧师、短篇小说家

在那之后我的一些女伴总是问我，为什么我根本不嫉妒别人。请你相信我：
不嫉妒的心态会带来吸引力。

自由

如果你不再关心别人怎么看待你，你才会感到真正的自由。你必须无视别人的看法。到处都有爱挑刺的人和批评者，你在他们身上花的心思太多了——没人能做对所有事，你也一样。

在这世上很容易跟着别人的看法走，寂寞中很容易按别人的想法做事；但是伟大的人是完全处于众人之中并能够保卫自己在孤独中所获得的独立的人。

——拉尔夫·沃尔多·爱默生

你只对一件事负责：做出最好的成绩。作为年轻的篮球教练，我认为绝对重要的是所有队员对我和我的训练有极高的认可。这其中唯一的原因是我自己的恐惧、害怕和不确定。

当我开始作为演讲者时，我总希望我的听众喜欢我并喜欢我说的话。

这是完全错误的态度，你不能对每个人都喜欢你说的话负责。

我学会一点：我的责任是走到台上，尽我最大的努力去讲我想要说的话。但是要每个在场的人都喜欢我所说的不再是我的责任。

而人的这种需求是建立在恐惧和不确定上的。

在篮球中，当我在训练馆里做了我认为对的事情的那一刻，我成为独立的教练，不论掌权的经理、国家队教练和"聪明"的同事给我什么建议。那时我受到阻碍了吗？

绝对有！

网上从来没有如此有争议地讨论过教练，没有人经常被批评，没有人被指责、嘲笑过。但是我诚恳地讲，这对我无论什么时候都是无所谓的。

我学会按照下面的原则生活：

> 我不必关心别人怎么看待我。

通过这点我们来到一个很有趣的人生哲学面前，这对我们所有人都有效。我只想告诉你，没有别的，因为我认为每个人必须自己决定怎么对待这条格言。坦白讲，我经常自己也不知道我应该怎么对待它：

> 没有人能使你幸福，只有你自己可以。但是没有了他人你也不会得到幸福。

除了你自己没人能真正为你着想，你对你自己的幸福负责。除此以外没人能为你做这件事！别再期待别人关心你的生活！学着把握你自己的生活。

正确对待别人

有三种人,与他们交往是好的:内心强大的、正直坦率的和善于学习的。

——俗语

生活中的有些事关系的只是细心照顾的问题。每天给仙人掌浇水就和每天不给玫瑰浇水一样。

——沃尔夫冈·杰·罗伊斯,讽刺作家、格言家、抒情诗人

让我们再来看一个事实:
想要幸福我们必须具有能好好对待别人的能力。这种能力要求耐性和练习。
在这里我想要反驳一句谚语,这句话你一定在哪里听到或者看到过:
"待人就像你期待被对待的那样。"你知道这句谚语吧。
对不起,这条原则并不对!真的!它是错的!
每个人都不同,所以必然要不同地对待每个人。对某个人正确的举止可能对另一个人就是完全错误的。

在篮球中我很快学会这点:有个队员每次训练时都要被教练在后面踹上一脚,然后他才能有状态召唤出自己的能力。他对这"一脚"并不在意,而是需要这样,因为他还不能每天自己到达最佳状态。但是对另一个队员这种"背后的一脚"得到的是完全相反的效果,这对他是个人攻击,他不能理解这样的做法。最后我的这个举止在这个队员身上产生的是限制成绩的作用。

你在许多情景中想得到的对待一定会与我不同,有的人需要清楚、明确的话,有人则承受不了这样的话。

有的人允许别人和他们争吵,有的人渴望和谐。

所以那句谚语必须改成下面这样:

像他们希望的那样对待他们。

不同的性格类型

你知道性格原则上可分为四种类型吗？泰勒·哈特曼在他的《色彩密码》一书中根据颜色将所有人分为四种性格类型。可惜现在很难买到这本书，因为它已经不再版了，原因可能是现在还不流行用颜色来区分人。但是泰勒·哈特曼的这本书富有逻辑，风格简明，是我读过的关于这一话题的最好的一本书。

你熟悉工作中的同事们每天的抱怨：

"我不能和他一起工作。"

"他人很奇怪。"

"人们没法和他一起工作。"

"对这种人我真没办法。"

我有个好问题要问你：如果我们自己说了这些话，错误在于别人还是我们自己？我坚信你憎恨别人的地方也正是你最大的缺点。在你的内心中你知道这点但是却不愿承认。

工作上的合作多因为参与者之间不能合作，而不是专业能力不足而终止或者告吹。

一项调查指出面试过后的雇用采用下面要素的百分比：

应聘者能力占40%，个人印象占60%——他怎样"表达和反应"。

这意味着我们必须学习怎么理解周围的人，什么给他们带来动力，我们怎么对待每个人。我们必须学习理解别人的性格。

因此哈特曼发明了色彩密码并将人根据性格分为四种色彩，这种分类的基础是确定每个人都带着某种性格来到世上的。

这四种色彩是红色、蓝色、黄色和白色。红色代表权力和领导，蓝色代表融洽，白色代表和平，黄色则是快乐。

通过一个简单的性格测试，你可以确定自己的性格原本属于哪种颜色。我这里说的是原始色彩，因为我们在生活过程中由于社会影响经常不能充分发挥我们真实的性格，而是被压进一种模式。

通过这个测试你也可以确定你周围人的性格，每种颜色都表现某些性格特点。我想简单向你介绍一些最重要的特点：

红色性格

* 渴望权力。
* 希望具有创造性。
* 希望在别人眼中看起来完美。

* 追求领导权、责任和指挥权。
* 对待他们不要过于严肃。(我们经常害怕红色性格的人。他们大多处在领导位置。)

蓝色性格

* 被利他主义控制。
* 追求信任和亲密的关系。
* 渴望被人理解。
* 必须被人记住并被称赞。
* 被强烈的道德意识领导。

白色性格

* 追求和平。
* 需要友好的关系。
* 优势在于平静且神秘。
* 需要别人的看法。
* 不够独立。
* 容易被别人的愿望调动。
* 喜欢建议而不是命令。

黄色性格

* 热爱所有带来乐趣的事。
* 需要表扬。
* 需要感情条件。
* 希望受欢迎。
* 爱行动。
* 今天在这,明天在那——哪里有乐趣就到哪里。

每种色彩都有特定的性格优势,当然也有劣势。成功对待他人的秘诀在于你要了解:
1. 我是哪种颜色?
2. 我的颜色有哪些自然优势和劣势? 我具有其中的哪些?

3. 我周围的人有哪种性格？
4. 要与不同颜色的人建立成功的关系，我必须做什么？
5. 我可以做什么，我无论如何应该放弃什么？

> 不论做什么工作，如果我们能够与周围的人相处好，我们就会更加成功。

这里体现一种我们识别所面对的是怎样一个人的核心能力。

我在巴姆贝克做教练的最后一年里与里克·斯塔福德合作密切。里克曾经是一名出色的运动员，同时作为教练和一个人他更加出色，至今我在生命中还没有遇到一个能比里克更好估计对方性格的人。

在赛季开始前我们坐到一起并讨论所有队员的性格，接着我们制定了一个如何最好地对待每一个队员和他的性格的策略，以便他能够发掘出自己运动天赋中的最大值。这个赛季是一次迷人的旅行。坦白地说，这次我从里克·斯塔福德身上学到的关于正确对待别人的性格要比到那时为止学到的总和还多。里克能够完美地对待别人，就像他们期望被对待那样。没有两个完全一样的人。

你认识这样的人吗？你或者会这样说他：
"他能与所有人很好地相处。"
对这样的人我们不感到惊讶吗？
如果你成为这样的人，会怎样？
当然这个话题对于本书太宽泛，所以请你读读泰勒·哈特曼的那本书。
最后一点，性格和个性不同。发展性格意味着：
1. 发展你的个性色彩中的所有优势，同时处理劣势。
2. 在生活中学习尽可能地在自己身上发展其他色彩的优势。
我们再来简单看一下个性测试：
谁有过这样的幼儿园老师，她有时是恶毒和粗鲁的？
如果你现在回答有，那你是蓝色。
因为蓝色的人不会忘记别人对他们做过的坏事并永远记得（因为他们非常关注别人。）

红色的人在这种情况下虽然也生气，但是他们很可能立即报复，在老师的凳子上放上图钉。

白色的人不确定他们是不是上过幼儿园，那又怎么会想起当时的经历。

黄色的人记不起来老师是友好还是恶毒的，因为他们只把自己放在了中心。

你看,每个人都不同。

这里附上四种个性的概要,也许你能立即区别出你的颜色。我希望这足够鼓励你去读泰勒·哈特曼的书。

		红色	蓝色	白色	黄色
动力		权力	信任	自由	乐趣
需求		完美印象,被视为能干的	做好人(道德上)	自己感觉好	在社会/团体中获得好印象
		掌权	被理解	获得自己的自由空间	被重视
		被尊重	被珍惜和赏识	被尊重	被表扬
		被少数自己选择的人认可	容忍	宽容	大多数人的认同
愿望		隐藏不确定性(非常坚定的)	表现不确定性	克制不确定性	隐藏不确定性(随意的)
		效率	质量	友好	幸运
		领导,指挥	自主	独立	自由
		有挑战的任务和冒险	安全感	满足	贪玩的冒险

你在认识了自己优势的同时,也要了解自己的不足。不要害怕自己的不足。

每种颜色都得向其他颜色学习。如果我们把别人看做整体的个性,那我们就能够更好地理解及与他们相处。把每个人当做一个个性整体对待,不要只关注他们的优势或者不足。

我们的三个基本需求

这个世上的所有人都要与周围人的三个基本需求打交道,这是他们总想要被满足的需求:

1. 每个人都希望被尊重。

> 给予别人尊重要好于给他一把金子。
>
> ——古老格言

2. 每个人都需要价值感。

   我不想成为特别的人，只想有自己的价值。

   ——斯温·沃尔特

3. 每个人都渴望表扬和认可。

   人们寻找认同，即便是在最小的事上，因为他们需要对于意义的每一个回答。

   ——菲利普·拉阿格，音乐家

不要告诉我这些对你都不对。如果你确实严肃地这么认为,那你的生活是失败的。我曾经在一所高级文理中学为全体教师作演讲。我开玩笑地提了一个问题:"这里有没有人生活中不需要表扬和认可?"

真的有一位教师举起手。我傲慢地说:"对不起,我不想知道你生活中的失败是什么!"于是这位教师十分严肃地开始与我讨论他不需要表扬和认可……

如今我知道我们德国教育制度中的这些教师最大的问题是缺乏认可和表扬。数十年来教师在各方面遭受批评——校长、文化部、懒惰的学生或者永远神经质的家长。如果教师们习惯了这点,那有一天他们真的会失去与人类基本需求的联系。

你的自信之钵

汤姆·拉特为人类的这三个需求做出吸引人的栩栩如生的解释:

我们每个人都有一只看不见的钵。根据别人对我们说或者做的事情,这个钵不断被装满或者清空。当这只钵被装满,我们感到自己伟大并充满能量;如果它空了,我们感觉糟糕,没有自信。

同时我们也都拥有一只大勺。当我们用这只勺子去装满别人的钵——通过我们所说或者所做的鼓励他们积极情绪的事——那么我们同时也在装自己的钵。但是如果我们用这只勺子去舀空别人的钵——通过所说或者所做的破坏他们积极情绪的事——我们也减少了自己所占有的。

像一只满到快要溢出的玻璃杯,装满的钵赋予我们战胜新的挑战时所需的肯定、乐观精神、能量和自信。滴入钵里的每一点滴都使我们更强大和乐观。

空的钵使我们消极地看待未来,我们的能量被抢走,我们的意志力在减弱。每当有人清空我们的钵,我们都会感到疼痛。

所以我们每时每刻都必须面临选择:我们能够装满或者清空我们的钵。这是一个重要的选择,它最深程度地影响我们的关系、效率、自身健康和运气。

你要怎么做？装满你的钵还是清空它？

苏格拉底的三个问题

> 我一直在努力使与我交往的人变得更好。
> ——苏格拉底

请装满你的钵并按照苏格拉底告诉我们的原则生活。每当有人来找苏格拉底，想要和他谈论第三个人时，苏格拉底都会在开始交谈前向这个人提出三个问题：

1. 你说别人的话是出于爱吗？
2. 你说别人的话与事实相符吗？
3. 你说别人的话对我和你有用吗？

接着苏格拉底应该说：

"如果你对以上三个问题中的一个回答是否定的，那我不想知道你想给我讲什么。"

这是一个非常有趣的提议。我们不都该停止说别人的坏话，更加坚持苏格拉底的尊重法典吗？

你可能向别人提出的最重要的问题

除了说第三个人的坏话，请你更有意义地利用你的时间去改善自己。我现在推荐你这个我在世上听过的能够帮助个人成长和改善自己的最好的问题。如果你接受这本书中的这个问题并坚持运用它，你会得到对你在这本书上投入的金钱和时间的多倍回报。

这个能够改善每种关系，使每种产品更有价值，改善所有服务，优化所有会议，使你的演讲完美并赋予你更好地对待周围人的能力的问题是怎样的？也就是下面这个问题：

在1到10分的划分中，你给我们上周（月/半年/一年）的关系（产品/服务）质量打几分？

换种说法：

在1到10分的划分中，你怎么评价我们刚刚的会面？如何评价作为老板的我？作为朋友的我？作为同事的我？这一餐？这本书？我们的交易？

每当分数低于10分，请你立即继续问：

还需要做什么才能得到10分？

只有这时你才会得到有价值的信息。只知道有人不满意是不够的。具体知道他对什么感到满意会给你信息去做那些有价值的关系（产品/服务）所需要的事情。请你养成用这两个问题结束每个项目、每次对话、每次研讨会、每次员工对话的习惯。

你现在内心会犹豫要不要使用这个问题。当我第一次向别人提出这个问题时,我的心差点从嘴里跳出来。为什么呢?因为我害怕对方的反应。这种害怕也是为什么许多人生活中从没用过这个问题的原因,同时这种害怕完全不能解释。例如我曾使它变成我的习惯,每半年我都会向我的两个助理教练提这个问题。我可以告诉你我所经历的一点:你几乎从来不会得到 10 分(这样是好的)。但是你从"还需要做什么才能达到 10 分"这个问题中得到的信息是你这一整年听到的最有价值的。

我经常在这个问题短短几分钟的反馈中学到比从这一年剩下的时间里与其他人的所有对话中更多。对这个问题真诚且正直的回答拥有将你变成另一个人的潜力,如果你真心接受其内容的话。

> 远离那些你不想与之有任何关系的人。

必须远离乌合之众,不要向他们看齐。

——德国谚语

这点在工作中尤其重要。总是会有有趣的发现,当涉及金钱时,我们在生活中会多么快地达成妥协。

年轻时我做过酒吧侍者。酒吧老板对我的一些要求是必须穿无褶皱的、熨烫过的白衬衫,头发必须保持整齐,体味要好闻,但闻起来不要过于脂粉气,等等。那时我年轻又需要钱,于是对这一切做了妥协,尽管从那以后我在生活中再没有穿过无褶皱的、熨烫过的白衬衫。我讨厌衬衫,首先是因为人们能够很容易地看见上面的小污渍,并且我到现在为止还不能保证吃饭时不把污渍溅到衣服上。

摆脱你不喜欢的处境或者远离那样的人。非常严肃!聪明些,不要只因为你不喜欢他而贬低任何人,不要根据外貌、服饰或者他们的出场去评价别人,但是请尽快从你不想卷入的情况中退出或者远离那样的人,同时让这些人获得平静。如果某人与你无关,那就关心你自己的事。如果你不喜欢一个人,那就不要和他做生意,不要和他浪费时间。但是请你聪明些,不要评价他。如果有人做了你不喜欢的事,但这事不影响你的生活,那就不要关心它。让他过他喜欢的生活。他做他认为对的事,你远离他并做你认为对的事。这难道不是公平的妥协吗?

去寻找使你强健、使你更努力地继续生活工作的人际交往，像躲避传染病一样远离那些容忍你的不足和弱点的人。
——恩斯特·福伊斯特斯勒本男爵，奥地利哲学家、医生、抒情诗人、杂文家

我有这样的经验：你说别人的坏话更多地代表了你自己，而不是别人。因为你通常批评的是你有的但却不喜欢的事情。你想想你不喜欢别人的是什么。我打赌你不能忍受那些事在你身上也有。

所以适用的是，如果你不想与某人有关系，友好地与之分手，走你自己的路，但是给别人留有平静。因为下面的谚语确实是对的：

> 生活中人们总是会相遇两次。

正确地对待批评

与不友好者和批评家的相处就好像住在鱼市上——人们习惯那些臭味。
——佚名

学习正确对待批评是个挑战。首先在互联网时代没有比匿名批评别人、传播虚假信息和散播谣言更容易的事了。我们要怎么对待它呢？

> 不要因为批评和拒绝丧失勇气！

这个年轻人是这个演讲者众多激动的听众并与之一起工作的人之一，但是他也发现有些人批评这位演讲者，另一部分人既不认为他特别好也不认为他特别不好。但是大部分人的感觉都像这个年轻人一样：他们热情、兴奋并得到乐趣，激动得想实施学到的东西。

有一天年轻人问培训家，为什么人们对于同一件事的反应完全不同？培训家回答："我们会发现三种人，他们各自所占的比例可能不同，但是人群中总是有讥讽和批评的人、保持中立的人以及热情的人。开始时我希望所有人都是热情的，但这是不可能的，因为有

人将批评和消极态度作为自己的人生任务，况且接受新事物是需要勇气的，不是所有人都有这份勇气。我了解到人们自行分成这三组要更容易。我只关注积极接受我的信息的人，从那之后我感觉更加好。"

每个成功的人都知道如何对待拒绝。

他知道总有三类人存在：

* 第一类是拒绝他的人。
* 第二类是没有决断力，什么都不做的人。
* 第三类是热情地接受他、他的项目或者他的主意的人。

这种现象存在于人类的本性中并总是这样。从这三组人中你得到认可或者批评。生活中对于这三类人没有例外，最关键的是你怎么对待这三类人。有两个极端：一个极端是完全不理会批评的人，这样的人没有成长和改善的机会；另一个极端是受所有人和事的影响，想要所有人认为自己有道理，最终却使自己变得不忠实。

这里的艺术是找到黄金的中间道路。我们应该思考批评是建设性并有道理的还是破坏性的。

成功的人培养了不受破坏性批评影响的能力，他们知道问题在于批评者，他们也知道总是有某些讥讽、嘲笑和决绝的人。有两样东西在生活中永远不能协调：成功和"想让别人觉得这有道理"。

有人想要伤害你：有人因为嫉妒你而这么做，有人则是对自己不满。当然他们不会说："我嫉妒这个人，所以我到处找他的碴儿。"

嫉妒伪装在看似应该被严肃接受的话语中。

总有人把消极作为自己的生活任务，我们不该打扰他们。把所有事搞糟是爱发牢骚的人的任务。也许你也问过自己为什么有人总是撒谎。答案是：因为他是个骗子。骗子说谎，嘲弄者嘲讽，小偷偷东西，消极的人总是批评。

避免批评只有一个办法：什么都不做。这样最有效。但是我们不应该让我们的生活受制于爱发牢骚的人，他们通过让别人不幸福使自己更好地承受自己的不幸。

关键的是我们怎么对待批评。如果对于自己的事情感觉薄弱，那就会对批评敏感。对于热情、成功的人，他们对自己事情的兴奋和热情更强烈。他们更渴望成功、更好学、更勤奋。他们准备好去做实现目标所必须做的事情。培养出对任务的这种感觉的人不容易动摇。

只要地球存在，就有批评者，他们粗鲁地批评成功的人，又对小人物卑躬屈膝。

——彼得·斯里留斯，德国高级文理中学教授一位智者说过：

> "永远不要真心接受这种人的批评，你认为他们的建议毫无价值或者他们不在你想到达的目的地。"

如果未来你想自己设计你一直想要的生活，那你必须考虑到批评。

如果你将生活把握在自己手中，那你是"成功的人"。你坚信自己的梦想和愿望，准备好追求并实现它们。这样你则自动战胜了大部分公民——那些选择中等生活的"小人物"。

与成功的人交友，那你也会成为他们中的一员。

——米盖尔·德·塞万提斯

那些"小人物"嫉妒你的成功，所以他们批评。嫉妒来自于这些人生活在一个害怕和恐惧的世界里并认为你窃取了原本为他们预留的成功。他们感到自己遭劫，因为他们坚信只存在一定数量的成功。这种人不知道其实对于所有追求成功并准备好为之付出的人有足够的机会。

我不太欣赏智慧不会增长的人。

——亚伯拉罕·林肯

另外这些"小人物"害怕他们自己不会和你一样成功。不是把你当做榜样，他们试图把你拉回他们落后、舒适的水平。所以他们没有准备好承担生活的责任。

他们还被另一种恐惧驱使：他们害怕可能失去你。害怕如果你成功了，你就不再花时间去参加无意义的交谈、愚蠢胡闹的行为和浪费时间的举止。

你知道吗？

这种恐惧是完全有道理的。如果你成功了，你很快会清楚地考虑你和谁共度多少时间。如果有一天你成了彼得·斯里留斯所说的"成功的人"，那你不再有很多时间留给"小人物"。

远离这些批评者。只要你还受他们影响，还考虑他们的建议，你就被他们据为己有。

友好地说"再见"，去走你自己的路。

我的一个叔叔有一次打电话给我并迫切地要我成为演讲家，但他不知道那根本不是一份真正的工作，他也无法想象怎么通过它赚钱……

我很爱我的叔叔,但是对不起,虽然那时候我真的在倾听,但通话一结束,我就把他的话全忘记了。

也不要去为你的成功辩解。你为你的成功努力过,你付出了代价,你将你的天赋和能力转化为优势并为别人带来有价值的服务。

享受你的成功。这不是沿街叫卖,也不是到处无意义地吹嘘,因此你不必感到尴尬。微笑着面对你的批评者并继续走自己的路。

如果你确定无疑你所做的与你的目标和目的是一致的,那你就会取得伟大成就,你会感到内心的平静,与自己伟大的使命和谐相处。

——韦恩·戴尔,美国作家

人际间缺少的相处技巧:

倾听

人际间相处最重要的能力之一是倾听。这是交往中真正的艺术,只有那样我们才能学习和理解别人的情况。

> 自然赋予我们两只耳朵和一张嘴。这难道不是说我们要倾听两倍于自己所说的吗?

倾听的艺术已经完全消失。我每天都在经历:

企业老板和决策者给我打电话,当他们想请我去演讲时。

通常他们详细写下想要我回答的三到五个问题。这样的话还好。但是你认为这样的电话有时要持续多久?一个小时!因为电话那端的人不停地对我说,想要逐字逐句地告诉我他们对某事的看法,最后其实只是想说他们有多么优秀。不久前在一次45分钟的交谈中我愤怒了并问对方:"×××先生,我能问您一下吗?"

"当然可以,毕绍夫先生。"

"您到底为什么给我打电话?"

沉默……

"因为我需要您对几个关键问题的回答。"

"非常感谢您这么想。请您解释一下为什么45分钟里只是您自己在讲话。"

这句话起效了！

补充一下，我得到了那次委托。

一开始每个人通常只关心自己并想说关于自己的事。能够通过倾听来满足这种需求的人常会被别人牢牢抓住。

原则上倾听分为五个层次：

1. 忽视　我们不倾听。
2. 假装　我们假装在倾听。
3. 选择　我们只听想听的并等待打断的机会。（在领导中很普遍，尤其在员工的解雇理由中，因为他们从来没有真的在倾听）
4. 关注　我们全神贯注地倾听并试图去理解。
5. 共鸣　我们倾听，为了从说话者的角度理解事情。（带有感情的）

请你学习倾听！如果你一直自己在讲话，你学不到新东西。如果你倾听，你会得到改善。

真诚地帮助他人

有谁是想真诚地帮助别人？

如果你真想帮助别人，问问自己：

"这些人要怎么做能够改善自我？"

而不是："有什么地方不对，他们做错了什么？"

为什么要这样做？

　　　　改变一个人必须改变他的自我认识。

——亚伯拉罕·马斯洛，美国心理学家

　　　　每个人都是批评家，没人喜欢被批评。

——戴尔·卡耐基

我有位导师，来自伊斯兰国家的托尔·奥拉夫森。从我认识托尔起，他还从没批评过我，我从他那里已经获得无尽的收益。你猜，世界上谁是那个当他对我说什么时，我会全神贯注地倾听的那个人？

学会说谢谢

你对别人的感激再多都不够。

——我的朋友和导师罗恩·斯莱梅克博士

在我的演讲中我经常说:"请你积极地保持与众不同。"

我不知道我自己是否总能做到这样(对我来说,说也比做要容易),但是我很确定我至少发展了一些不寻常的方法去感谢别人。

每当委托人委托我做演讲或者组织研讨会,他都会在活动结束后收到我的一张个人感谢卡。这张卡当然是手写的,如今电脑发出的成千上万的感谢信还有什么意义?

你知道什么样的邮件会被我立即扔到垃圾箱里?那些你的信箱中由公司、销售或者想赚你钱的人每年十二月寄来的千篇一律的圣诞贺卡。给我寄这种卡片的人会得到负分——不是加分。为什么?因为这种卡片中的话不是真诚的,而只是服务于营销目的。如果你真诚地对待某事,那请你坐到写字台前几分钟,亲手写一张卡片吧!我总是亲自感谢我的顾客,因为我是这么想的。如果作为我的顾客你不再收到我亲手写的感谢卡,那我将会停止这份职业。你可以记着我的话。

每年我们在巴姆贝克带领由来自整个德国和周边国家的大约400个年轻人组成的篮球夏令营。这个夏令营对于许多年轻人,一些来自全德国的教练和教练员都是一年中的一个亮点。

几年前所有教练在夏令营结束时都会得到我给的一张凭证。当然那不是支票,而是一张关于百万次感谢的凭证。在上面写道:"×××,感谢您在夏令营中不倦地投入。感谢您在这一周中做出的努力。"

下面有我的签名。最后是这句话:

> "朋友是了解你的一切并仍然喜爱你的人。"

这张凭证给那些教练们留下深刻印象。第二年的"感谢"则更好,我为每位教练准备了一株小黄杨树,在小树顶端挂着一个金色的字条,上面写着:

"非常感谢您对本次夏令营的投入。请将这株黄杨种在院中,它会常年使您回想起我们共度的美好时光。"

表达感谢是好的。用不寻常的方式表达感谢是一门让被感激者长久保持积极回忆的技巧。

不必让自己喜欢所有的事

能够很好地对待别人是一门技巧，但这也有界限。提出愚蠢、挑衅性问题的人也会得到愚蠢、挑衅性的回答。

在教练培训上一个教练有意问我："我经常听说你把你的队员训练到筋疲力尽，你为什么那么做？"

我看看他并说："没错，这是我每年的季度目标，可惜今年我还没有实现——还没有人死在训练馆里呢，但是我会继续尽我最大的努力。"

没说别的我走了。

提出愚蠢问题的人得到的也是愚蠢的回答。

一本已经影响上百万人的书

如果你确定你在人际交往中还有改善的潜力，那你必须读戴尔·卡耐基的《如何赢得朋友》这本书。

这是一本已经帮助过数百万人的永恒的经典，也是对我本人有很大帮助的一本书，它一定也会帮助你。你再怎么读这本非常有趣和信息丰富的书也不为过。

告诉你一个非常有趣的小信息：

在世界上所有出版过戴尔·卡耐基书的国家，《如何赢得朋友》都是他最畅销的书。只有在德国最畅销的是他的另一本书《不要担忧，生活吧！》，你能想到为什么是这样吗？

克里斯蒂安·毕绍夫对于"对待自己和别人"的要点总结（本章小结）

* 你必须正确对待自己，然后是其他人。因为如果你有秩序，那你周围也是井然有序的，如果你有问题，那你周围也经常会出现问题。
* 我为你照顾我自己。请你也为我照顾好你自己。
* 在关系你自己的生活时要完全以自我为中心。
* 独立的人具有吸引力。
* 别人怎么看待我，与我无关。
* 你不需要别人来使自己幸福，但没有他人你也不会得到幸福。
* 待人如人所欲。
* 重视苏格拉底的行为法典。
* 你可能向他人提出的重要问题："在从 1 到 10 的划分中，你会给我们上周（月/半年/年）的关系（产品/服务）质量打几分？"每当评价低于 10 分时，请你立即问："还需要做什么能达到 10 分？"
* 强迫自己远离你不想与之有任何关系的人。
* 不要对某个你认为毫无价值或者不在你想到达的目的地的人的批评上心。
* 学习倾听！如果你一直自己讲话，你不会学到新东西。如果你倾听，你会变得更好。

NO.13　爱护身体

● 许多人用最愚蠢的方式对待自己最重要的财富。

● 黄金原则:每天吃足够保持运动能力的食物,但不要超量。

● 生活中所有事都是一个潜移默化的过程。10年后你会到达某个地方。最关键的问题是:哪里?

爱护身体

人有义务去爱护身体。 只有这样才能帮助别人而不是成为他们的负担。
——托马斯·伽里格·马萨里克,捷克政治家、作家

现在我们来谈我最喜欢的话题之一:自己的身体和健康。

健康是我们生命中拥有的最宝贵的财富。

如果你感到身体不适,你的生活也不会舒服。在中学时,我就面对了至今还影响我的这个话题。

生活中六件最重要的事情

平庸的教师传授知识;好的教师解疑;更好的教师演示;最出色的教师激发。
——威廉·亚瑟·沃德,作家

在高级文理中学十一年级时,我们有个思想积极但近乎疯狂的地理老师,可惜我不记得他的名字了。

他与所有其他老师不一样,就连他给人的外在印象也与别人不同。他总是穿着旧且脏乱的衣服而且头发凌乱。但是,也许正是出于这个原因,这位老师对我有种神秘的吸引力。几乎每节课他都会给我们讲一个他生活中有趣的故事或者一个小智慧,经常整节课他都坐在讲桌后面给我们讲他宝贵的经历和经验。然而班里大多数人在这样的青春期中不能领悟他生动的讲述,而认为这都是好笑的事。

有一天我们共度了我至今难忘的一个小时。他走进教室,无聊地坐到桌前,在他的材料里翻了好几分钟,这期间他没有看我们一眼。我们清楚今天不会学到什么——内心里好像这一小时已经过去。

突然,他的声音打破了寂静:"同学们,请拿出一张白纸条和一支笔并回答我下面的问题:你们生活中最重要的六件事是什么?"

"你们也可以写此时对于你们最重要的事,"他继续向我们解释道,"你们也可以写自己想要实现的事——生活目标,也就是你们想要拥有的东西以及对于你们余下的生命最重要的事。"

我对这个小游戏并不特别感兴趣,因此我没有特别在意,不假思索地在纸上草草写了几点。我用余光观察有些同学对待这个作业比我要认真。

在我们写自己的想法时,老师走到右侧的侧黑板后面并在那儿写着什么。

几分钟后每个人都可以自愿地读出他们总结出的几点,老师把它们写在黑板上。我当然没有举手,因为不想在全班面前出洋相。大约有一半同学说出了自己的答案,我记得下面这几点出现最多:

1. 顺利毕业。
2. 通过高级文理中学毕业考试。
3. 有钱,变得富有。
4. 实现职业目标。
5. 拥有家庭。

老师再次回到他的讲桌前,看着黑板上的内容说:"亲爱的同学们,这些都非常好,并且你们值得为之努力,在你们这个年龄时我也是这么想的。金钱对我来说是最重要的,但是让我告诉你们下面这番话:我最好的朋友一年前遭遇了严重的车祸,从此他坐在了轮椅上,他不能独自行动并且24小时需要护理。在车祸前他是一位成功的经理,拥有所有他想要的东西——数不清的金钱、三辆车、两栋房子,当然也有女人的赞赏。车祸后他的生活完全变了,上周他告诉我他生活中最重要的六件事并请求我把这六件事告诉我所有学生。我为你们把它们写下来了。"

老师打开右侧的侧黑板。

上面写着——

我生活中最重要的6件事:

1. 能用两只手和10根手指触摸和感觉。
2. 能用舌头品味食物。
3. 能用双眼去看。
4. 能用双耳去听。
5. 能用健康的头脑思考。

6. 能用健康的双腿度过一生。

在我们这个平时不守纪律的班级里笼罩着一种沉思的寂静,这是我从没经历过的。

"写下你们的六件事,"老师建议我们,"然后你们会学到为了你们余下的生活自己所要保持的东西。生活中最重要的是自然母亲在你们出生时赋予的礼物——健康的身体!"

我那时坐在教室里对自己说:"哦,天哪,什么屁话!"几年后我清楚了我们的老师说得多么有道理,生活中最重要的是健康的身体!

我们经常用最愚蠢的方式对待我们最重要的财富

我们必须爱护和照顾这个财富,否则我们的生活质量会因此停滞或下降。问题是,我们在德国经常最愚蠢地对待这个最重要的财富。

目前德国社会由整个欧洲最肥胖的人群组成。根据最新调查显示,在德国四分之三的成年男性和超过一半的成年女性身体超重或者肥胖。

你不相信?

那就看看我们的街道或者公共场所。

等等!也许你只是向下看看自己就够了!

> 人们经常惊讶于正常的人类智商对健康生活的理解有多少。
> ——盖尔哈德·伍伦布鲁克,德国免疫生物学家

我们常常不加考虑地吃下所有东西,从来不问自己这对我们有什么长期后果。自杀现象在社会中被忽视。心理学家试图让每个困惑的人摆脱那个想法并为他指出可选择的人生道路,但是我们却忽视每天有上百万人将生命吞噬掉。

早已被承认的这种糟糕过程经常需要20年、30年或者40年时间去破坏身体,直到有一天不能行动,造成身体的负担,同时工作效率降到最低并且身体系统过度疲劳。

> 黄金原则:吃足够保持每天工作效率的食物,但不要超量。

不久前我有一次经历,这次经历使我只能对德国人在吃的问题上的疏忽无奈地摇头。

周五傍晚我和朋友约定去慕尼黑一家大型保龄球中心打保龄球。当我到那里时,其他人已经在等我并说没有空闲的球道了,接着我听说在那天傍晚预订保龄球球道会提供"吃到饱"自助餐。我下楼梯走到保龄球区,没有几秒钟我便发现自己好像是在农村的猪

圈中。

那里挤满超重的人,他们拥挤在自助取餐区,好像几个月没有吃过东西一样。盘子装得满满的,桌子都被占满,超重的人一个挨着一个不停地吃着。其他人拿着他们装满的盘子来到保龄球道,不咀嚼地吃上几分钟,然后站起来去替换别人,去安慰一下自己的内心,拿起一个保龄球,不协调地抓起球扔出去,球从所有瓶子旁边滚过,落到两条边道中的一个里。这当然不会打扰别人……重要的是,这样能足够快地回到盘子那里,快点回到自助餐中。在我看来,估计在场的百分之八十都不是为了打保龄球而来,而是为了吃。这些人第二天怎么和朋友们讲他们周五傍晚做了什么?

我知道答案:"我去打保龄球了。"一定不会有人说:"我去吃了自助餐并离自杀更近了一步。"

我们德国人喜欢命令。我们大部分人都愿意遵从"吃到饱"的命令。喂,这不是命令,你个傻瓜,这是建议!但是我知道,贪吃吞噬你的大脑!

这样的话,那我就祝你好胃口!

不吃的话你会死,但是吃太多寿命也会缩短。

——来自马耳他

请你不要误解我,我们每个人都"愚蠢"过。

我们都吃多过,遭受贪食症的攻击,吃到食物填满脖子。这样很好!因为我们只有一次生命,享受你的生活,但是要适度并以正确的比例。

对抗超重唯一的两个选择

现在我们来看核心话题。

只有两个螺丝可以旋转,如果你要减肥的话:

1. 吃得健康。
2. 多运动。

没有其他选择!我们都知道这一点。

问题是,我们不这么做!

每个顾问、每本书和每家公司(例如"体重观察家")都在这两个调节螺丝上做文章(尽管它被巧妙地包装成别的样子),因为没有别的选择。

我有个问题问你:

我们到底为什么要吃东西?

答案是:

为了给身体提供能量!

这是唯一的理由!我们不应该为了获得生活中的乐趣而吃。

超重的原因

我们不是为了吃而生活,而是为了生活才吃。

——匈牙利谚语

对自己和生活不满的人,有心理和情绪问题的人,我根据自己的经历经常能从他们的体重上看出来。如果我对自己满意,那我总体状态会更好,感觉更舒适,睡眠更好,也不会无节制地吃东西。吃就像生活中许多其他东西一样是代替毒药,许多人用它来补偿缺少的感情归属、缺乏的自信、缺少的生活意义或者生活中所缺乏的乐趣。对他们最大的乐趣是每天所吃的。

请你想想有些人每天花多少时间去计划他们今天什么时候、在哪儿、怎么吃,吃饭对于这样的人是一天中的亮点。同时这一规则通常适用:越便宜、越多,就越好。

超重的另一个原因是缺乏自尊心。我这辈子永远不会变胖。我在这里向你保证!我的自尊心不允许我那么做!人会变肥的原因之一是缺乏自尊心。疏忽和懒惰,这两者都导致超重。也可以不必那样,因为这两者都是你自己的选择。这是你自己的态度。你决定是要把第五个多纳圈塞到嘴里还是你不那么做。你超重了吗?那是因为你饮食习惯不好并且(或者)运动太少。就是这样,没有别的争论。

你能够很容易地打破这个循环,通过更好的饮食或者运动。但是大多数人对此太懒散,有太多惰性。由于你的疏忽你宁愿继续慢性自杀。

四个致命的疏忽

疏忽1:吃

吃使人丧失动力。

——巴比伦犹太教法典

我们吃那些明明知道对自己不好的东西:快餐、甜食、白面粉做的糕点和面包、含糖饮料。所有使人变胖的东西会提高我们的肾上腺素水平,使动脉血管硬化,并且含有每天将我们的身体置于"吸毒状态"的糖分。尝试过几天没有糖的日子,你的身体可能最晚在第二天就会抗议,因为它没有得到"毒品"。咖啡因也是一样。我认识每天需要喝三杯咖啡的人。

我们能从黄色"M"和红色"B"的数量上看出吃文化的糟糕质量。人们在德国的短暂旅行中随处可以找到进麦当劳或者汉堡王用餐的机会。如果你偶尔去吃一次或者最多每个月吃一次,除此以外你都吃得健康,那没有问题。但是不要定期去吃。这种食物是所有吃的中最不健康的——全都是含有味精和糖的产品,就连面包都是含糖的。

你看过摩根·史柏路克演的电影《超码的我》吗?

你务必看一看!我已经在这本书前面部分提到过,史柏路克亲自尝试一个月时间,他试图测试快餐对于人体的影响。在早前所承认的极端条件下(他必须每天在麦当劳吃三餐并且不能吃任何别的东西),他在电影的快镜头中向我们演示这些食物对身体有什么影响。

整整20天后三位负责的医生都建议他立即终止这个尝试,因为这无法避免对健康的长期损害。现在你一定说:

"没有哪个理性的人会一天三餐都在麦当劳吃饭。"

对。但是许多人会定期去吃。那样你的医生可能不是三周后向你发出警告信号,而是三年或者更长。事实是,你在一条错误的道路上。

疏忽2:缺乏运动

我们运动量不够!我们驾车能实用地到达所有地方。运动已经过时了。我们乘坐电梯到达山顶,而不再徒步。我们开车去购物,而不是走去。即便是周日早上我们也不愿散着步去买小面包。运动?什么,运动是谋杀!这样的态度成为我们的灾难。其实心脏是我们必须通过增加它的负担去锻炼的肌肉组织。

提高你的心率,每天只需要20分钟!

如果精力充沛,请你慢跑。如果你几年来都没做过运动,那就散步、走路、登台阶,慢慢开。请你一定要开始运动,每周5次,每次20分钟。这并不难。

锻炼你的肌肉,肌肉消耗脂肪。卧倒在地上做俯卧撑、仰卧起坐、对背部肌群的训练。你不必花很多钱去健身房,利用你看电视的时间。不是在看电视时躺到沙发上,而是边看电视边在地板上做些锻炼。这很简单!

疏忽3:酒精

据证明每醉酒一次会有上百万个脑细胞被杀死。如果饮酒过多并且经常醉酒,那你的思想会无法集中。你不能集中思想,因为你渐渐地灌醉你的身体、你的思想、你的判断能力和你的生命力。是谁决定走进商店买酒并喝下它?

你自己!每个人都知道过量饮酒不健康,尽管如此我们还这么做。

我们经常在后果上自欺欺人。

在一次饥饿疗法中(比那更晚),我听说有个病人多年来每晚睡前都要喝一小杯科涅克白兰地,她借口说是为了能入睡才喝一小杯的。在治疗中她不能喝酒。前几天她的身体出现反抗,要求它每天的科涅克白兰地。就在她认为自己几乎没法抛弃这个习惯时,这位女士惊喜地发现不喝白兰地她能够睡得更深、更好且更久,她才知道多年来她用这样的借口欺骗了自己:"为了能睡得好我需要一小杯白兰地。"事情确实是相反的,酒一天天一点点毁掉了她的身体、她的舒适和健康。

治疗结束时她发誓:"我再也不喝白兰地了!"并把最后一瓶扔进垃圾桶,从那天起她的生活变得更加健康。

疏忽4:吸烟

每个烟盒上都写着一句话,所有这些话都传递同样的信息:"吸烟有害健康。"

每个人都知道香烟含有致癌物质,它会损害肺部,危害我们的健康。尽管如此上百万人每天把过滤嘴放到嘴里,自愿吸入这些有毒物质。我们把这种行为叫什么?愚蠢!

在美国,一些吸烟者过去甚至有让烟草工业为他们的癌症痛苦负责的无耻言行。这难道不是难以置信的吗?

是谁受自己的驱使走到香烟自动售货机前,自愿扔进自己的钱,坚定地选择了某个品牌香烟,从包装中取出过滤嘴香烟,享受地点起一根又一根?!

国家通过一些监管(包装上的警示,酒吧和餐厅禁烟)帮助我们,但重要的是请你自己不要靠近香烟。

可你却说:"我要吸烟,我接受得癌症的风险。"

这个决定没问题。每个人都有权利过他想过的生活,但是请你对全部后果负起全部责任。

我的父亲是个连续不断吸烟的人——一天他被诊断出癌症。他接受了手术并一天天把烟戒掉了,这样他又过了几年幸福的生活,直到有一天他多年来错误行为的后果赶了上来……

我们人都是愚蠢的!

真蠢!

我来向你证明:

我们是这世上唯一破坏了一切的生物!我们在一步步破坏我们生活的地球(尽管我们知道这点),我们一步步破坏我们的身体(尽管我们知道)——通过吃、喝、吸烟、毒品和类似的事。我称这为愚蠢。

我没有给自己幻想并知道我的话不会改变什么。我的设想是会有100个读过这本书的人最大限度地在生活中做出改变。

许多人是愚蠢的,他们任凭那些关于自己生活的事情继续发展。这里没有坏意,而就是事实。

生活中许多事都是潜移默化的过程

危险的是生活中许多事都是默默变化的,事情的后果不是一朝一夕能够显现的。如果你只吸一支烟就得了肺癌,那你一定不会去吸烟,但是肺癌是慢慢形成的。

有人喜欢说:"毕绍夫先生,一个月以来我定期去汉堡王,但是你看我多健康!"

小心!你不能伪装自己。当然一个月都在吃快餐不会对你的身体造成明显的不良影响,如果你接下来的5到10年甚至20年都保持这个习惯的话,那又会怎样?

那样我们会明显看到在你身上产生了什么后果。

生活中的许多事都是潜移默化的过程,因为我们今天不必承担后果,我们幻想自己在欺骗性的安全中。请设想一下你今年长了一公斤。

"这不糟糕!"你会这么回答。你说得有道理。如果你今年长了一公斤,那这确实不是什么重要的事。

但是如果你的体重在接下来的20年里每年都长一公斤的话,会发生什么?20年后你就超重20公斤,这会对你的健康产生巨大的消极影响。

> 所有人都有拖延症并会为此后悔。
> ——格奥尔格·克里斯多夫·利希滕贝格,德国物理学家

我们假设你完全健康。你可以用零分来表示现在的健康状况:
20年后你一定会到达另一个健康状况。关键的问题是到达怎样的状态。

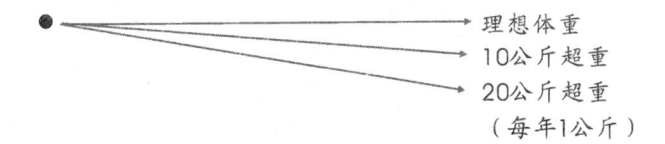

```
            ——————— 理想体重
    ●  ——————— 10公斤超重
            ——————— 20公斤超重
                (每年1公斤)
```

三个自欺欺人

自欺欺人1:"一切都正常。"

有人生活在花天酒地和喧哗嘈杂中并对所有人说:"过去的几年我从来没生病,我一切都正常。"

我也不确定。你最好再仔细检查一下。

你对自己提下面这个问题:如今你还像10年前那样精力充沛吗?如果你的回答是否定的,那我还有下面的问题:

为什么是否定的？

有条古老的原则表明,经历了一次心肌梗死的人拥有长寿的机会。心肌梗死对他们来说是警告信号。他们知道,必须立刻做出改变,否则就得进棺材而他们的名字只会出现在家谱中。他们戒掉所有不良习惯并且只吃绿色食品专卖店的产品。

我们应该早点培养这种智慧,而不是让事情发展到这一步。请你把这当做警告的例子并对自己说:"我不会让这样的事情发生!"

自欺欺人2:"我根本不那么胖。"

有些人创造了一种令人难以置信的发明,为了掩盖他们的超重。他们买特别肥大的衣服,这样站到镜子前说:"根本没有那么糟糕。我不像所有人说的那么胖。"多么自欺欺人。这时只有一件事有用:脱掉所有衣服,裸体站到镜子前面,仔细观察自己,直到你再看不下去,然后大声说:"我是头肥猪！停下来！"

自欺欺人3:"对于我的超重我什么也做不了。这是基因决定的。"

现在超重在我们的社会中被接受,甚至禁止和别人谈论此事。这可能是一种疾病。这是病还是基因决定的?

通常没人是基因决定的,是你自己选择的！是你的选择！你每天选择过量的摄食。请你停止甲状腺问题的争论或者类似的,也许只有百分之一的肥胖者遇到这种情况。你胖是由你每天的选择决定的。

一条智慧的道路

"走出自我阴影"是长期对付超重问题的唯一方式。

——弗兰克·多蒙茨,漫画大师、插图画家

已经受够了这样的论断,该是做出改变的时候了。但要怎么改变? 有上千种可能。我只想向你展现我保持理想体重的方式:

每年做一次饥饿疗法。这种治疗原则上不是节食,而是一种清肠治疗。我们的肠部是身体的健康中心,大多数疾病的产生是因为肠部不健康。但是在治疗期间不仅把肠部健康摆在你面前,而且你也学会了如何完美地改变你的饮食习惯,从而转向更健康的饮食。此外,你减掉了一些体重。治疗结束时你已经大大改变了自己的饮食习惯并可以保持你的体重。

我想告诉你我是怎样听说这个治疗的。作为竞技运动员,一直到19岁时我都保持积极并不需要担心自己的身材,随后我进入教练行业。我继续做许多运动,但是随着时间的推移,上面提到的潜移默化的过程也在我自己身上发生。

一年95公斤，下一年96公斤，然后97公斤，有一天我的体重竟到了102公斤。

一点点我发现我很久都不像职业运动员时那么精力充沛了。有一天我们办了一次家庭聚会，我和弟弟在酒店一个房间过夜。我弟弟那时经常参加各种聚会，有着不好的饮食习惯。当我第二天早上起床，走进浴室时，他站在镜子前面——只穿着条内裤。我不能相信自己在镜子中看到了什么：锻炼有素的身体、清晰的腹肌、很少的脂肪。我吃惊地瞪着眼睛问他：

"你不控制吃喝，却怎么达到这样的身材？"

他回答："我刚刚做了饥饿疗法，4年来我定期去做。"

这次简单的经历唤起了我的好奇心。还没到家，我就订了那本书——《新式饥饿疗法》，读了疗法介绍并从第二天开始照着做。非常简单！你需要一些自律，没有很多压力，然后按照书里写的做。三周内每一天的日程都有仔细描述。

我坚持这个疗法已经5年了。在这5年里我有一个有趣的经历：就像生活中的所有事情，你第一次接触新事物时很难，但是你做得越多，它就变得越简单。

第一年不容易。

第二年这个疗法已经明显更容易了。

从第三年起我坚持完整的三周，身体上一点不感觉限制。

第四年起我发展了一个力量训练计划，这是我在疗法期间从第一天到最后一天要坚持的。你通常用于吃饭的时间可以在治疗期间用于力量训练。

我把这个过程叫做"我的能量、力量和动力疗法"。因为尽管你几乎不吃东西，但感觉会更好，你效率更高，需要更少的睡眠和更多的能量（从第四天起，当你的身体转为内在给养）。

我们只活一次。每个人都有权利享受生活。世界上有许多美味的东西。

找到你的最佳道路。

买那本书，通读它。培养自己的看法，然后决定这个方法对你是否正确。一定有上千种别的方法。

当我告诉周围的人这个疗法时，大多数人会说：

"我做不到。"

我反问道："你怎么知道？你已经尝试过了吗？"

大多数人根本不想做到，因为他们必须自律三周，许多人害怕这样。

你要始终牢记：自律就是一切！饥饿疗法是对此的一个完美的例子。如果你自律地坚持下来，你会发现你可以把这种新的自律也传递到许多其他生活领域。对你最具吸引力的经验是，每个下一次都会更简单……

生病？

我的朋友和导师罗恩·斯莱梅克博士45年来作为美国堪萨斯州恩伯利亚州立大学的篮球教练和教师，在这45年中他因为生病耽误了并且只耽误过一天。每年他都在巴姆贝克篮球夏令营上给参加者讲他简单的成功秘诀：

"如果你们不想生病，那就不要因为像流感、偏头痛或者头疼的小事躺倒在床上。我一生都选择让自己永远不要感冒，结果是我从未感冒过。也许我没有完全支配过我的能量，但我没有重病到必须在家躺在床上。如果你们相信，那这样去想也会对你们有效。

如果你们现在说：'不，这对我没有用，我总生病。'那你们以后也会一直得病。

改变你们关于健康的信仰体系，那你们就会健康！"

接着他找出一个年轻的参与者，72岁的他和年轻人坐到地上比腕力。你猜谁会赢？

减肥建议

想开始减肥，那很简单。我只想给你5个建议：

1. FDH。

不久前我在一家公司做演讲。结束后我和几个参加者站在一起，他们其中一个是狂热的足球运动员。那天是关于超重的话题。那个运动员说："几年来我保持一个很好的节食食谱：FDH（德语：Friss Die Hälfte）。"

我好奇地想知道："那是什么？我还从没听说过。"

他的回答："只吃半饱。"

很简单，不是吗？

2. 运动。

做运动，提高心率，至少每周5次锻炼，每次20分钟。像平时一样慢慢来。请你具有创造性。

3. 有效利用看电视的时间。

当你需要看电视时，至少利用这些时间，把健身机摆到电视机前。或者让自己躺到地上，做腹肌训练。如果你看故事片，利用三到四个广告时间做5个俯卧撑和15个仰卧起坐。观察你在这短暂时间内发生的变化。

4. 力量训练。

训练你的肌肉！只做耐力训练是不够的。肌肉总是会消耗最多的脂肪。每周至少做两次力量训练。如果你不喜欢，那就靠自身体重去训练（如俯卧撑）。

5. 喝水。

尽可能多喝水。水能柔润和清洗你的肠子，如果你做到每天喝四到五升水，那你已经迈出了一大步。用矿泉水代替含糖饮料。

如果你只想从某一点开始,那我推荐你第五点:只喝水不要喝别的。这样你能做到每天清洁自己的身体并使身体能够排出残渣、毒素、细菌和有害物质。

克里斯蒂安·毕绍夫对于"爱护身体"的要点总结(本章小结)

* 健康的身体是我们生活中最重要的财富。关心自己的健康。
* 许多人用最愚蠢的方式对待自己最重要的财富。
* 黄金原则:每天吃足够保持运动能力的食物,但不要超量。
* 两个唯一你能够调节用来减轻或者避免超重的螺丝:
  1. 少吃。
  2. 多运动。
* 超重的四个原因:
  1. 不满。
  2. 缺乏自我尊重。
  3. 疏忽。
  4. 懒惰。
* 四个致命的疏忽:
  1. 吃。
  2. 缺乏运动。
  3. 酒精。
  4. 吸烟。
* 生活中所有事都是一个潜移默化的过程。10年后你会到达某个地方,最关键的问题是到达哪里。
* 三个愚蠢的自欺欺人:
  1. "一切都正常。"
  2. "我根本不那么胖。"
  3. "对于超重我不能做什么。"
* 每年做一次饥饿疗法。
* 减肥的五个建议:
  1. 吃五分饱。
  2. 每周至少锻炼5次,每次20分钟的高心率运动。
  3. 有效利用看电视的时间。
  4. 力量训练。
  5. 喝水。

NO.14 找出自己的特长

●不要为别人的梦想生活——拥有你自己的梦想并为之生活！
●追随你的心。
●如果你找到了自己的特长,那你就不需要担心对手。

找出自己的特长

我与数十亿人分享地球,但是我的特长独一无二。

——克里斯塔·绪波尔,作家

你在生活中的特长是什么?我坚信每个人身上都有一颗种子,它叫做"特长"。它就像一颗长在你身体中的种子,但是我们经常不给它破土和盛开的机会,疏忽了促进、滋养和照顾它。

每个人在一生中都带着这颗种子。但是种子被忽视的时间越长,土壤就变得越硬,即我们的性格、个性就会变得越来越固定,这样一年年幼苗越发难以成长,取而代之的是土壤中挤满了以内心不满、嫉妒、怨恨形式出现的杂草。怨恨别人的原因往往来自于对自己的怨恨——那种在生活中没有给自己"特长"的种子生长机会的潜意识的感觉侵蚀着一个人。不承认对自己生活的不满,也不去改变,这样的人选择在别人身上发泄。

不久前有一位牧师来听我的演讲,她从第一秒起就开始找活动中哪里不好(当然这是我没有听到的),接着她和志同道合的人大声地抱怨着。这位女士并没有亲自来找我。

在这种经历中我只提出两个问题:这种人的生活哪里出了错?他们内心的不满来自哪里?

我们怎么能找到自己的特长?

请你站到一面镜子前并直视自己的眼睛。然后请你思考:

我是谁?

我拥有怎样的过去?

我经历、得知和坚持了什么其他人没有经历过的事情?

我做过以及正在做什么从来没有人做过的事情?

我会哪些别人几乎都不会的事情?

我身上有什么特点,并且我能够将它用于服务别人?

一定有这种特长。它就在那里,我向你保证。你只需要耐下心来并努力去找到它、定义它,然后鼓励促进它。它能成为一种能力、一份天赋或者一个经验。它不必一定是积极的。如果你有一个消极的过去,那你能利用它去帮助别人,帮助他们不要陷入同样的问题。

不久前我在电视里看了迪特·博伦的一个很长的采访。在采访中博伦先生讲述自己在事业起步的10年间,在实现突破之前,必须在大型唱片公司"擦门把手"的经历。

在这里你从博伦先生那里收获到什么都无所谓。这些话和证实的事实启示我的是,没有人生来就是成功的。没有人需要出色的天赋。但是我们需要耐心反复促进我们的特长,直到有一天"突破"到来。没有事情是一夜之间发生的。

童年的调教阻碍了你?

我们每个人身体里都有这样一颗种子,可惜可能在你年轻时它就被扼杀了,因为你太听父母、老师、教练或者其他成年榜样的话。

在你还是婴儿的时候,你非常清楚自己在生活中想要什么:如果饿了,你会不加克制地大哭大喊,直到有人给你拿来吃的;你吐出不喜欢的食物,直到你得到自己喜欢的食物;在你刚刚会爬时,你会爬到任何想去的地方;你好奇地看着一切你想看到的事物;你不知道害怕;你敞开双臂,以无限的好奇心迎接生活中的一切。

伴随着生活的发展你忘记了所有这些特长。发生了什么?有人对你说过:
"不要抓那个!"
"不要那么做,那很危险。"
"把你的手指从那儿拿开。"
"不,不可以。"
"你要为此感到羞愧。"
"你不需要这个。"
"这个不能给你。"
"你不能那么做。"
"不要高估自己。"
当你长大一些时,你不断听到下面的话:
"这个你做不到。"
"学习有礼貌的事。"
"人们不谈论金钱。"
"不要这么自私。"
"你要完成那些我本想要做的事。"
"你必须接受这个教育(做这份工作)。"
某一天你被挤压进一个模式,如今你过着你根本不想要的那种生活。
你过着实际上与你的优势和你内心的热情完全无关的生活。

我说的有道理吗？当然！

不要为别人的梦想生活——有梦想并过自己的生活

在童年连续几年每天接受这种道德约束后，你一步步失去了与内心里的自我的关系。你被社会限制，以致你不在听从自己的需求。你所做的都是为了得到周围人的好感、赞扬和认可——那些人是你的父母、老师或者朋友。你为别人怎么看待你伤透了脑筋（也许今天仍然这样）。结果是你现在做的是别人期待你做的事情，而这些事实际上根本不能使你自己感到满足：

我们学了法律，因为爸爸这样希望的。

中学毕业后我们马上开始职业培训，因为妈妈希望这样——尽管我们本想去认识世界。

我们结婚，因为全家人希望这样。这就是传统，传统一向如此，你不能逃脱这一切。

我们组建家庭，过着早八晚五的生活，因为整个社会就是这样。

在所有这些调整中你完全失去了自我。

> 被某个人或者整个社会遥控着，自己却还没有发现。

大多数年轻人对于"长大了你想要做什么"这个问题的回答是"我不知道"，难道这不令人惊讶吗？

年轻人不再学习如何探究自己。童年时，"不行"、"你应该"、"你必须"、"你不能"这些形式的敲打一天天毁掉了他们原始的个性并把他们变得无知。我不想计算到 18 岁生日时，人们一共会听到过多少句"不行"，也许足有十万次。

那么，年轻人的生活中缺少自信、自主动力和自我责任感还会让人感到惊讶吗？如果他在生命的前 18 年听到的"不行"要比其他任何话都多，那他怎么可能实现伟大的事情？

你必须立即停下这个过程！我们是社会、周围人的愿望以及那些吸引我们的行为方式的奴隶！

我们怎么能够重新激发我们的最初需求和内心里叫做"特长"的种子？

我们怎么能够再次找到生活的热情？

我们怎么能够纯粹地生活并实现我们确实想做的事情呢？

你在内心里怎么能不带有罪过、恐惧或者退缩去追求你的目标？

请你一点点开始！在每一个日常情况中问自己："现在我想要做的决定是什么？"听从

你的喜好。如果所有人聚会，但你没有兴趣，那请你说"不"。

不要说服自己认为这样的决定不重要！

这也许对别人不重要，但是从此刻起它对于你很重要，因为那是你进入自主且伟大的生活的第一步。

满足自己的需求

如果你想唤起自己的自主性和特长并且想要在生活中实现、经历、拥有和获悉你在内心一直希望的东西，那你必须立即将下面的句子从你的词汇中划去：

"这对我无所谓！"

"这不重要。"

"这没什么区别。"

"我对这个不感兴趣。"

"我不知道我该怎么决定。"

"我不关心。"

"都一样。"

"这不重要。"

漠不关心埋葬了特长。

——曼弗雷特·辛里希，德国哲学家、教师、记者

每当你面对选择时，不论它看起来多小或者多不重要，请你尽可能快地做出选择。当你下次去用餐时，不要捧着菜单看上十五分钟，而是要在三十秒内完成选择。

每次都向自己提出这样的问题：

"如果这对我不是无所谓的，我该如何选择？"

"如果我对它感兴趣，我该做何反应？"

"如果我知道这件事，我会怎么做？"

"如果这很重要，我会选择哪个可能？"

当你自己不知道你该怎么选择时，把别人的愿望和需求放在前面是内心习惯的做法。几十年来你都是这样被调整的。

你能够一步步地放弃这个习惯，从现在开始总去做相反的事。但是这种改变不是一朝一夕的，而是一个痛苦的过程。

你的愿望清单

列出自己的愿望清单。请写下你在生活中想拥有的三十个东西、三十个想经历的事情和三十个这个世界上你在临终前想要看看的地方。

这样你就开始更多地关注自己的需求并一步步滋养你的特长种子。

你最喜欢的记事本

有一次我组织一个年轻人的研讨会,在研讨会开始时我在每一个参加者的位置上放了一本不同颜色的笔记本。当参加者坐下后,我问大家:"谁想要其他颜色的笔记本?"

大约80%的人举起手。

然后我说:"如果你们不喜欢那个颜色,那就和别人交换,直到你们找到自己最喜欢的颜色。你们有权利在生活中得到你们想要的东西。"

大概用了一分钟时间,每个人都拿到自己满意颜色的笔记本并回到各自位置上。

接着我告诉研讨会参加者下面这个重要的一点:"你们得到自己喜欢颜色的笔记本并不是什么大问题,但是这是通往自主生活的第一步。你们出生时都有得到自己想要的东西的权利,你们必须学会去练习它。"

我确定许多参加者那时认为不值得因为一点小事去开口和别人讲话。

也许对于某个人,这个小游戏就是他如今自主生活的一个转折点。

> 如果你一直做其他人都做的事,那你也会到达他们所到达的地方。那通常是致命的中等水平!
>
> ——赫尔曼·舍雷尔,德国演讲家、作家

不要关心别人的想法

没有比与别人达成一致看法更容易的事了。没有比告诉别人某事不行,为他们在途中设置障碍和阻碍更容易的事。问题是大多数人受不了这些批评者和爱发牢骚的人的激怒和靠近。

你的生活就是你的生活——对你生活负责的只有你。

也就是说,你的梦想和目标仅是你的梦想和目标!
没人有权利干预。

不要太在意别人的看法!真的!谁关心别人对你说什么?只要你还在意,你就还被关在某个金色的鸟笼中。

只有当你完全不再关心别人的看法时,你在生活中才是真正自由的。这一步对于大多数人来说是最为困难的。坦白地说,大多数人永远做不到这一步,因为这种漠然迟早会带来独立,许多人害怕这种独立。

相反这也适用:独立使人性感。

你不相信我?对不起,那你永远也不会在生活中获得真正的独立。

你的临终床

> 我不相信人会变老。 所发生的只是你在生活中过早地停止学习并因此停滞。
>
> ——托马斯·艾略特

这既不该是一个古怪的邀请也不该引起你的恐惧,但是它会帮助许多人思考自己生活中最重要的事情是什么。有句谚语说:"人们能够设想并坚信下去的事一定会实现。"

请你想象自己躺在临终床上:你想在生活中有过怎样的经历?你想做过什么事情?你想去过哪里?你距离所有这些事情还很遥远吗?那请你今天就起程!

许多人在年迈时会希望生活中的有些事情可以是不同的。多关注那些重要的事,多花时间与真正喜欢的人在一起,多做自己真正喜欢的事,少花时间责备别人或者忧心忡忡,不害怕那些实际根本不重要的事情。

你现在可以避免自己以后也成为这样的老人,那些遗憾地告别这个世界的人。"我如果做了这件事或者那件事该多好……"

如果你想改变自己生活的某个方面,今天就开始。人类是这个世界上能从今天起改变自己生活的生物。当有必要改变时,利用这个机会。请不要害怕!

积极的改变

我的导师罗恩·斯莱梅克博士有一次对我说:

"奖杯固然好;认可也是会带来好处的;金钱很重要;权力对于许多人是一种虚荣。但是在你生命的最后只有一样东西最有价值:有没有对别人的生活做出过积极改变?"

额头上的发带

做演讲时我头上总是戴着一条发带——那是我的标识和特点。

我是这世界上第一个也是唯一一个发带演讲者（也许不久后就有第一个盗版出现并效仿这样），这个发带当然有其意义。

我向公众表达的可能是下面的几点：

1. 多亏这条发带使你将长久并持续地记住我，因为你一定还没有遇到过戴着发带站在你面前的演讲者。你记着这条发带，所以也会记住我，你也会更容易和更经常地记起我试图向你传递的关键点。

2. 这条发带代表个性。你的个性在哪里？

3. 演讲开始时你也许对我的外貌感到有趣或者也会不解地摇头。无论你做什么，对我都无所谓。

真的！你怎么看待我，都与我没关系，再说，我也不关心。

我坚信只有当我们不再受别人怎么看待我们的影响时，我们才能真正改善自我。

4. 外貌不是关键，效率和态度才是。（好吧，这里让我们放过模特行业。）

5. 改变自己！寻找自己的个性。我指的不是区别化。顾客不喜欢完全不同的东西，但是顾客为个性支付更高的价格。为了实现个性，你需要一个所有人都熟悉和可致力于它的公司设想。失明、失聪的著名女作家海伦·凯勒曾说过："比失明更糟糕的是什么？能看到，但却没有眼界。"

6. 不要把自己看得过于重要，你不像你一直认为的那么重要。除此之外可以偶尔自嘲一下，因为人们在自嘲中突显个人性格中真正的强大，而且自嘲带来好感。

追随你的心

你怎样能够找到自己的个性？多听从你的内心感受。它们告诉你，你在生活中真正想要什么。

迈克·沙舍夫斯基教给我这个方法。他是美国最有声望的大学篮球教练。我得到夏季在他的篮球项目工作三年的机会。在第二年，我们有一次私下交谈一个多小时的机会。那时我问他的一个问题是："我在生活中如何能获得个人成功？"他简单、具体、绝妙并简短地回答："克里斯蒂安，永远追随你的心！"

从这天起我一直尝试遵循这条建议。

直到今天我从来没有后悔过这么做。所有批评者、爱挑毛病的人和自以为是的人从那一刻起对我都无所谓！

忘记你的对手

为了成为不可替代的人，你必须找到自己的个性。

——可可·夏奈尔

寻找你的个性并利用它去为别人服务，这样才能确保你内心的满足、幸福和成功。这个理论很简单。在实践中，这个过程通常会持续几年并要求付出劳动。

你的个性是什么？我很确定它不是你此时做的事，只有最重要的公司和人才会经历到你的个性。除此以外，个性会在与竞争对手的比赛中被磨灭。

我从我的导师赫尔曼·舍雷尔那里通过印象深刻的方式学到了这点。在我演讲事业起步阶段，很长时间以来我都必须与我的定位发展相对抗。

有一天赫尔曼给了我这条最关键的建议：

"克里斯蒂安，永远不要问市场需要什么。去做你内心里的事，市场就会到来。"

确实就是这样。这样就产生了"最佳成绩培训专家"——生活中我只对最佳成绩感兴趣。主要是个人最佳成绩，因为不是每个人都能够并且必须成为世界冠军。除此以外我喜欢的一句德语为："总是困扰我的是，在我们的'光明社会'中人们在语言上对待彼此还是小心翼翼的。"

没人再对别人说实话。这点我不感到困难，我总是说我所想的事，几乎我所有的队员都这样形容我：严厉、直接、强迫——严厉，但公平、关心别人；直接，想什么说什么。

坦白讲，我的个性中不仅要求我不欺骗别人，还要直接亲口告诉他们事实，尽管这在当时可能是严厉的。

决定性的建议来自于其他人。你知道我是怎么发现这点的吗？我是问来的。我对我的队员说，请他们用所有我的优势和不足来评价我，让他们说说我的个性在哪里。今天我站在台上，坦诚并直接地说出我所看到的，因为我就是这样的人。这就是我。同时我不想伤害任何人。但是我认为我们必须在做出改变之前面对事实。如果我们感觉好，那则不会改变。只有当我们不满时，才会做出改变。

我是拯救数千年轻人的救星。 我在"德国需要超级明星"的三分钟角色塑造后真诚、直接地告诉他们是没有天赋的，并劝阻他们不要花多年时间去做他们根本没有事业机会的事。

——迪特·博伦，流行业大亨、"德国需要超级明星"评委成员个性的一个好例子是苹果公司,苹果做一些其他公司也做的事:生产电脑。但是它发展了独特的设计:白色。这个设计代表干净和细致。嗨,我有一台苹果电脑。你知道为什么吗?

非常简单,只因为设计。我不能从细节评价它的科技元件是比竞争对手的好还是差,但是苹果电脑从外观上看是所有当中最好的。在购买时,我对其他电脑根本不感兴趣。

不要把自己看得太重要

也许这也是能够帮助你的一点:在你的所有追求中,不要把自己看得太重要。你不像你认为的那么重要。我不重要!你不重要!

我十分尊重的教练同事里克·斯塔福德在这个问题上为我洗了脑,这对我帮助很大。(偶尔我们必须被洗脑!)

在巴姆贝克博泽篮球队做教练的最后一年他对我说:"克里斯蒂安,你把自己看得太重要了,这里没有你也完全可以。"

"你不重要。我不重要。我选择到这里做教练并成为项目的一部分,但是我也知道,这里没有我完全可以。如果今天他们把我解雇,尽管如此,比赛还会继续,因为他们必须继续。每个人都是可替代的。我可以,你也可以。"

你知道吗?

他说的完全没错!

克里斯蒂安·毕绍夫对于"特长"的要点总结(本章小结)

* 你的特长是一颗种子,你要将它养大。
* 不要为别人的梦想生活——拥有你自己的梦想并为之生活。
* 不要为少于自己本想拥有的事物感到满足。
* 追随你的心。
* 如果你找到了自己的特长,那你就不需要担心对手。
* 在所有特长上,你不像你希望的那么重要。

NO.15 言出必行

●当你说出要做什么,那你就要去做,以最好的知识、良知,并要做到尽可能好!
●停止说别人的坏话。
●永远不要拿你的正直冒险。

言出必行

免费的百科全书维基百科这样定义"正直"：

"个人的正直是指个人以人类道德为准的价值体系与自我行动持续保持一致。在社会意义上正直的性格具有如下特点：坚持、人道、追求公平、可信和勇气。正直的人有意识地将自己个人的信念、标准和世界观表达在行为中。个人的正直也可以称为对自己的忠诚。"

我还想在这里坚持这点。

> 对我来说，个人的正直意味着说到做到。

有一条每个人都应该重视的很简单的黄金原则——但却没有人重视它：

> 如果你说出了某事，那就要去做，并且以最好的知识和良知把它做到最好。

如果所有德国人都能认真对待这句话的话……

但是个人正直在很大程度上好像已经消失了。如果你接受这个定义并联想一下所有你自发想到的人：这些人够正直吗？如果你的答案正是大多数人的答案，那你现在想的应该是："不，真正的正直是绝对的例外！"

喂，请你坦白来讲，根据上面的定义你是正直的人吗？

如果你正直地生活——即便你不富有和知名——你的生活也像一颗闪耀的星星，许多人多年以后会追随它的光亮。

——丹尼斯·魏特利、作家、演讲家、职业顾问丹尼斯·魏特利的这句话正中要点。我至今认识的最正直的人是我的朋友和导师罗恩·斯莱梅克博士，他并不富有，在堪萨斯州以外也不著名，但是世界上有很多人以他为榜样并随时愿意追随他。

在我作为篮球教练的11年里我犯过上千个错误。那是无法避免的，因为每个人只能通过错误来学习，但是对我最重要的是，我周围的人永远不会这么评价关于我的事情：

"他说出的事，落实到行动上可能没有做到那么好。"

在演讲行业我有一条黄金原则：如果我和顾客有约定，那这位顾客完全可以相信我会在约定的时间、约定的地点出现，并给他我这天最好的工作效率。

这不是一件理所当然并且有关名誉的事吗？如今许多人却不这样想。你不相信我在活动开始的两三天接到过多少次委托人打来的电话，他们亲切、含蓄地对我说出下面的话：

"您好，毕绍夫先生！我们想再问问您身体可好，您会不会还有其他问题，我们会顺利在约定的时间见面吧？"

一方面我高兴于接到这种礼貌的电话，另一方面这也明显表达出一种不信任：演讲者会来，还是他会放我们鸽子？

人们为什么会有这种不信任？因为他们过去有过糟糕的经历并与太多没有正直举止的人打过交道。

说到做到

几年前电影院上映过一部阿诺德·施瓦辛格演的电影《承诺就是承诺》（汉语译为《圣诞老豆》）。施瓦辛格扮演霍华德·朗斯顿，他答应儿子吉米圣诞节时送给他"漩涡战士"超人玩具。当他赶在最后一秒去买时，他发现这件玩具在平安夜前就早已卖光了。但是他尽一切努力去坚持自己的承诺，因为承诺就是承诺。

这部电影给我们一个重要的信息：如果你做出了承诺，那你就要坚持，因为说到要做到，无论条件发生什么样的变化。

当我开始做演讲者时，一所学校向我预订了一次内部培训。我在这个行业中完全是个新手，要求的价位也很低，并且不包括车票费用和增值税。我与委托方做了长期计划，我们提前十八个月约定好活动。一年半过去了，在经历了许多演讲后，我的报酬明显上涨。在这所学校的培训开始前四周，另一个委托者打电话给我，想在那天以高四倍的价格预订演讲。额外的困难是我当时搬了家，除去车费和税费，学校的培训根本没有盈利。但是坚持自己说过的更重要，总有一天会有回报的，因为你周围的人必须知道你按照这个原则生活：说到做到。

在篮球队，我们在赛季开始的第一次训练上总会定下三条协议，我问所有队员是否赞同这些协议并宣布整个赛季都要履行协议。

其中一条是："我们永远不要欺骗，而是要讲事实，无论当时的事实可能多么残酷。"

所有队员称自己同意这条协议。

过去我们发现，许多有抱负的队员在获得运动上的成功时，往往忽视自己的教育。一些父母请求我们的帮助，这样我们制定了一个共同协议：每个队员必须将自己的所有学校成绩告知训练员。如果有学生一科或者多科成绩为五分或低于五分，父母有权利调整他们的训练频率，直到成绩再次稳定。这是我们为了让队员们明白学校教育的重要性所达成的协议："只有当你们学习成绩好，你们才能在篮球上取得长期的成功，因为学校教育是你们生活更重要的基础。"

在一个赛季中，我队里有一个性格很特别的队员米歇尔·拉赫曼，他是队长之一而且各个方面都很有代表性。但是他面临一个个人挑战：他在学习上有很大困难。赛季中间他的母亲给我打来电话，她去参加了父母谈话并得知米歇尔多门成绩不好。她问我，按照我们的协议我为什么没有告诉她这点。问题是，我自己都不知道。

于是下午我找了米歇尔谈话，他坦白了自己的隐瞒和错误并承担了全部责任。

当然我做了我必须做的事，中止了他一段时间的训练。他欺骗了我同时没有说实话，从而打破了我们定下的协议，利用了我的信任。后果很明显，导致了我们之间很长时间的争论，但那时说什么都没有用。米歇尔很愤怒，气冲冲地走出训练馆。

四天后我们主场比赛。比赛开始前一分钟发生了一件我不能相信的事：米歇尔来到赛场，坐到看台上为自己的队友加油（中止训练的队员不能坐到球员席上），比赛结束后他祝贺队友们取得成功。那时我知道，米歇尔学到了人生的一课并知道了什么是正直。

从那天起我们的合作中再也没有这种小问题了。相反，我可以百分之百信任米歇尔，他对于作为教练的我也是一样。在接下来的几年他一直是球队队长，直到今天我们还是朋友。

如果那时我没有做出中止训练的残酷选择，我也就葬送了我自己的正直。那样我会影响自己和声誉，我在拿自己在球队的可信性冒险，同时也向米歇尔·拉赫曼传递了错误的生活信息。

随口说出的正直，你的公司中有这种情况吗？在体育运动中这点再常见不过了，我们几乎每天在德甲联赛中都能看到。今天一个处于下滑的球队的经理还会站到摄像机前说："我完全支持我的球队。"第二天那位教练就被解雇，经理一夜之间转身离去，第二天一早就明显地挤压教练。我认为体育运动中如此迅速地解雇教练很可笑。

许多这种不正直的经理不知道健康的组队过程需要经过多长时间，每个队员才能够找到他的位置，发挥他的作用和理解他在队中的任务并表现得使大家满意。

你好，亲爱的经理，这样的过程要长于五场联赛比赛，我执教的球队曾经需要几乎八个月时间。

但是这些频繁不断解雇教练的俱乐部本身形成一个怪圈,他们传递给队员的信息是什么?信息如下:

"教练是最弱的成员,如果发生什么事,第一个走人的是他。"

你认为这样的话队员还会尝试尽全力并以钢铁般的意志去对抗阻碍吗?他们还会准备好服从于全队并去做教练要求的事吗?尽管这件事不符合他的个性。每个职业运动员都明确地发展自我,带来最理想的成绩,这比等到另一个可能更适合他的教练出现要更加容易。

对不起,但是就是这样!如果分析德甲足球联赛中所有解雇教练的后果,我们会发现,多数情况下是没有长期的改变。我本人有一次作为主教练也陷入这种困难情况,这种情况以我被解雇结束。在困难阶段你立即能认出那些正直的球员,尽管事情不像他们希望的那样进行,他们仍然创造出成绩。在我那时的球队中就有三个不受当时消极情绪影响,而是每天交出他们最好成绩的队员。其中一个是克里斯多夫·麦克诺顿,西班牙职业联赛队员。另外两个——菲力克斯·绍尔和乔治·斯坦克,直至今天他们在职业和个人生活中都相当成功。

我当时作为教练犯了一些错误,但是人们能从他们陪你走过风雨来判断哪些人是正直的。

我简单地劝说:

正直的人从长远角度总是会坚持自我。

同样适用的是,一次不正直,永远都不正直。

我亲眼所见的

在我的演讲中我总用下面两句话:

> "你所做的这么大声,以致我听不到你所说的。"
> "怀疑时,人们相信的是你所做的,而不是你所说的。"

总的来说其意思是:

你所有美好并正直的话都没有价值,如果话中的内容没有反映在你的行动中。

我总是惊讶于一类职业,我在过去经常和他们打交道——教师。许多教师是抱怨、批评和到处挑毛病的冠军。

大多数人也知道原因在于教师们愿意在学生面前更受尊重,大多数教师自己却不表现尊重。我做过多次教师培训,有些人在培训中干脆不听。

这难道不尖刻吗?一个人想被尊重,但自己却不表现尊重,这要怎样办?

有的教师总抱怨学生懒惰。

他们自己却多年来上着内容一样单调的课,只用最少的时间去备课。

有的教师认为学生无聊的反应影响了自己,他们有没有自己照过镜子?课堂中学生反映的是他们的老师!

为什么同样的学生会不尊重某位老师,在下一位老师的课上表现无聊,在第三位那儿却精力集中?因为第一位老师自己不尊重别人,第二位是无聊的,第三个是位上课好、生动并且自发性强的老师。

为什么某个老板在公司中令所有员工满意,而另一个老板的员工总做自己想做的事?因为第一个老板拥有好的领导能力,而第二个没有。

去年我带了国家青年队。我们去参加在马其顿斯科普里举行的欧洲冠军杯。那是个很穷的国家,但是组织者尽全力使所有国家在那里尽可能过得舒服。所有二十一个参赛队住在同一家酒店,那家酒店没有特别高的标准。第一天早上我在所住这层认识了一位非常友好、亲切的清洁工。从那天起我们每天早上都用蹩脚的英语聊天,她给我留下积极的印象。

一切在第二周突然发生了变化。几天后有第一批队员抱怨房间里丢了东西。第二天早上我想跑步。在我赶着下楼,转过拐角时,我看到对面房间里清洁工背对着我,她在忙着打扫房间。

直觉让我站在角落后观察她几分钟。

没过两分钟时间,她就在房间的柜子和客人的私人物品中侦察——尽管门还开着。她拿起所有东西,看了看,在抽屉里乱翻腾,但又把所有东西放回去。

但是,这种行为不可接受,我立刻到接待处汇报这件事。我把整个酒店搅乱,被负责人请去做记录。我这样叙述,我看到那位女士,她如何在客人的私人物品中翻找。我没有看到她偷了什么,但是她不能乱翻别人的私人物品,那不是正直和可信任的行为。

第二天早上她没有和我说话并完全忽视我,这对我完全无所谓,我希望她得到真正的解雇威胁(这是酒店管理者像我保证的)。我没看到她怎么偷东西,但是她的行为破坏了我对她的信任。

停止说别人的坏话

说别人坏话永远没有回报,我早在巴姆贝克就学到了这点。赛季开始前不久,一个教练向我走来并说:"祝你和斯温·迈尔(名字已改)合作愉快,我上个赛季与他合作,整个赛季他只会带给你愤怒和麻烦。祝你开心!"

你能想象我第一次走进大厅去训练看到斯温·迈尔时发生了什么。我观察他所做的一切,只在等待第一批愤怒或者麻烦的信号。斯温在我这儿根本没有机会,我已经把他拉进了内心的抽屉,在他有机会开口与我交谈之前,我的观点已经形成了。合乎逻辑的是我无意识地用我的肢体语言和行为向他传递了明确的信息:我知道你就是个麻烦!

人们把这叫偏见——在你亲自认识一个人之前评价他。在赛季过程中,我发现斯温根本不是麻烦。如今我们是好朋友。

在这种情况中我学到再也不让别的教练(或者坦白地讲"别人")强加给我关于第三个人的观点,取而代之的是我花时间自己了解那个人。我还学到,当我尊敬地对待所有人,让他们在我的言行中了解到我珍惜他们,对他们评价很高,那大多数人也会满足这些期待。

> 对待别人恶意的背后闲话、谣言和偏见最大的问题是你失去了脑中的辨别力。

你不再能够客观地面对人和事。正直的人用无法描述的辨别力看世界并能做出更有效的选择。在《四个赞同》这本书中,作者唐·米盖尔·鲁兹将对别人的说长道短比作人脑中的"电脑病毒",这种病毒使你可能不再像以前那样具有辨别力,不能再没有偏见地思考。

请你提防对别人愚蠢的、无意义的说长道短,它发生在另一个人面前或者通过网络的匿名发表。

这里有一些行为提示,如果有人开始这种消极的谈论:
* 说一些对别人积极的话。
* 毫无顾忌地改变话题。
* 管住你的嘴。
* 远离对话。
* 明确清楚地说:"我没有兴趣参与这种对话。"

必要时请你私下里正直,但对外只说别人的好话

我有一位教练同事,他完美地掌握了这点。他叫阿列克斯·克鲁格尔,是巴伐利亚州篮球协会教练和德国篮球联盟教练。在训练、队员谈话和比赛期间,他都能用最少的话明白、直接地对队员说他们必须做哪些改变。对外(这里外面不止是公众,而是每一个不属于球队的人)他都始终在积极推销他的项目和队员。结果是阿列克斯·克鲁格尔在最近5

年成功地将纽伦堡从一个不知名的球队打造为德国最知名的"新生项目"之一。

我在篮球行业无法容忍的是，每个教练都责怪别人或者在背后说别人的坏话，每个人都在找教练同事的错误并把不好的事情放大或者升级。在我 11 年的职业生涯中曾经遇到过两位不同的教练——阿列克斯·克鲁格尔和里克·斯塔福德，目前他俩是路德维斯堡的主教练。

说你的同事、员工和顾客的好话，因为这也会给你带来好声誉。你发出的总会回到你的生活中，如果你以批评的形式传播消极的能量，那这种消极的能量也会回照到你身上。每个公司都应该使用下面的原则：

> 在这里我们只说彼此的好话。我们说老板的好话，我们赞扬我们的员工和同事，我们说顾客的好话，而且也要说我们竞争对手的好话。

可惜我还没有看到真的实施这条原则的公司。

说竞争对手的好话

是的，没错！赞扬你的对手！永远不要尝试通过轻视贬低别人使自己看上去很好，永远不要相信顾客跑到你这里是因为你讲对手的坏话。如果你那么做的话，那你就太愚蠢和单纯了。

一次有一个对我的演讲感兴趣的委托者，在谈话中他提到他已经和同事提到过这件事并且这位同事已经向他推荐演讲领域我的另一位同事。这位委托者问我是否认识这个人。

我当然认识她。

紧接着他告诉我，他从别人那里听说这个人真的很好并能组织很好的活动。我向他证明了所有这些事并说他和这个人合作一定不会有错，她提供真正的好质量。接着我们谈了可能的合作，最后我得到了这个项目。我不确定，如果我说了竞争者坏话的话，会发生什么……

如果一家公司在顾客面前赞扬它的竞争对手，会发生什么？顾客会积极地认可这两家公司。如果有公司对我说："毕绍夫先生，我们能为您做这件事，但是这不是我们的专业领域，有一家 ABC 公司，它能更好地为您服务。"那么我会在未来寻找机会与这两家公司合作。

这种情况不久前再次发生。我想在 T 恤上印花，在一家公司我们遇到合适的单价，那里的老板对我说:"您去 ABC 公司吧,他们的印刷工程更优惠,他们能给您提供更好的价格。"我当然那么做了。但接着我和两家公司都合作了,第一家公司能为我完成许多其他订单。

解雇不遵守该原则的人

这里有一条简单的原则:

> 把那些在别人面前不积极评价你的公司和顾客或者不尊重自己员工的人解雇。

现在要赶快行动,即使这样的解雇带来愤怒。但这里应该使用这样的原则:

> 宁愿雇好律师也不要态度恶劣的员工。

如果你不那么做,那你会有长期的大问题。

我有一个很看重的球员,可惜慢慢地他的个性却朝完全相反的方向发展,直到有一天,在队中他根本不再听从指导,持续过度饮酒、旷课逃学、缺少训练态度并经常请病假。那时我和这个球员谈了很长时间,但有一天我的限度到了。我去找经理并对他说应该立即解除和这个球员的合同,两天后我们也是这么做的。但在对话中我很快发现经理对这个决定并不十分满意。

几周后这个球员在我们经理的另一支球队参加比赛。当然这样解雇也完全失去了它的作用,相反,在这个情况中,这个队员还告诉所有人,他在新球队中有更多乐趣。

这次的经历表达了一点:人自身根本没法改变。接下来的赛季这个球员也被他的新球队解雇,在他用消极的方式毒害着整个球队气氛时。下一个赛季,他在原来的俱乐部又得到一次机会,我已经不是那里的教练。但在 18 个月的时间里他总是与他人争吵,浪费了教练在他身上投入的无限精力和美好意愿,他再次被解雇。现在他在低级别的球队打球,没有中学毕业文凭也没有职业培训,所有这些善意的劝告多年来都没有对他产生一点帮助。

如果你身边有不表现必要的正直的人,那请你尽快解雇他们,最好今天就做,因为一条臭鱼有腥了一锅汤的能力。

永远不要拿你的正直冒险

正直的人生活在这样的意识中：他的行为表达他的个人信念、标准和世界观。你必须支持这点。

一年前我们在德国 19 岁以下球员顶级联盟 NBBL 中有个球队，属于最受欢迎也最有希望获得德国冠军杯的球队。但我们最大的问题是总不能一起训练，因为两个队员已经确定进入职业队。其中一个队员是弗兰克（名字已改），那时他被视为德国最伟大的新生天才之一。弗兰克和我已经合作多年，他非常清楚我对他的期待：全力投入并准备好担任球队的队长，无论他个人是好是坏。

季后赛开始了，在那之前弗兰克从来没有和我们一起训练过，我们在施派尔面临一场艰难的比赛。当然，这样一个整赛季都在职业队的队员从开场就要立即打主力。弗兰克那天状态不是最好，在第一个半场就表现出典型的身体损伤症状，他的体力极度下降，开始与裁判和队友发生争执并用手指着别人。尽管如此，半场结束时我们仍领先 10 分。

遗憾的是，在休息之后弗兰克的成绩变得越来越糟，他三次与一个更年轻的对手发生一系列肢体冲撞，他在场上没有了体力并对球队的影响很大。这种情况对于在德国最好球队训练和比赛了一年的队员来说不该发生。

我换下了弗兰克再也没有让他上场。教练在这种情况下必须表现出对赛场上缺乏准备、带有攻击性和狂热偏激的情况是不可接受的，阻止对所有其他球员的榜样的影响作用。

我们的主教练及国家队教练蒂克·鲍尔曼不喜欢我的这个决定。因此我们两天后进行了交谈，交谈中他批评了我的决定，认为不能让一个有这种形象的球员一整个半场都坐在板凳上。尽管我能理解他的角度，但这对我也是不现实的，那样的话我就是拿自己的正直在冒险，因为我违反了我的信念和价值观，特别是那样的话会影响了整个球队。

在季后赛第二场比赛之前的这一周，我与弗兰克进行了恳切的对话和录像分析。在一周后的季后赛第二场比赛中他是赛场上出色的球员，他带领球队几乎遥遥领先地进入了下一轮比赛。在这一时刻他学到了人生的一课。

我们必须学习和理解残酷的正直教训。

* 当有人说"我从不说谎"，那你面对的很可能是一个谎言。
* 如果某人全部时间里都只是在讲他的成就，那他实际是个失败者。
* 只有那些最重要的人拥有健全的理智、礼貌和常识。
* 金钱使丑陋的人性感。
* 金钱统治这个世界。
* 正直、真诚、成功和智慧这样的个性不必额外来表达，它们就在那里并被识别。

克里斯蒂安·毕绍夫对于"言出必行"的要点总结（本章小结）

* 当你说出要做什么，那你就要去做，以最好的知识、良知并要做到尽可能好。
* 停止说别人的坏话。
* 对外只说别人的好话。
* 下面的原则适用于所有企业：
  在这里我们只说别人的好话。
  我们说老板的好话，我们赞扬我们的同事，我们说顾客的好话，并且最重要的是我们也说竞争对手的好话。
* 解雇不遵守该原则的人。
* 永远不要拿你的正直冒险。

结束语　做出积极的改变

我希望这本书能够鼓励你从现在起在生活中,同时也在你周围人的生活中做积极的改变。
"积极的改变"意味着什么?

性格上

有一天回首往事时,能够说:这是值得并且有价值的一生。我充分发掘和利用了我的潜力和可能性。

如果别人对你说

"我希望我能像你一样。请你教我,你是怎么做到的?"别人惊叹于你积极的性格、你的能力、你所会的或者你的知识。

职业/个人

知道我们是对社会(人类)有益的一小部分,更伟大、重要和有分量的是自己。

从你自身开始!因为你是这个地球上你生命中最重要的人。在我的演讲中我这样提出这点:

我问听众:"你叫什么名字?"

"迈尔。"

我说:"迈尔先生,你和顾客打交道吗?"

"是的。"

我说:"请你想象你最大、最重要的顾客,你在与他进行重要商谈。这时谁是这个地球上最重要的人?"

迈尔先生:"顾客。"

我吃惊地说:"顾客?请让我换种表达。这个世界上只有两个人,你和你最重要的顾客,其中一个必须死掉,你想看到谁倒下?"

迈尔先生微笑着回答道:"那个顾客!"

我确认道:"现在我们找出你在这个世上最重要的人是谁了。"

你是你生活中最重要的人!重视、照顾、关心你自己!因为只有你过得好了,你才能投入全部去关心你周围的人。

我为自己发明了一个简单的投资公式。

如果你每天都这样为自己投资,那你不会相信10年后自己在生活中的位置。

每日生活的投资公式

关照你的身体(每天20分钟)
+ 支付能力(＝立即攒下每月收入的10％)
+ 进修深造(每天30分钟)
＝ 你将不会相信10年后你过着多么好的生活。

关照你的身体

每天就只做20分钟运动:慢跑、走路、健身练习、力量训练等等。

支付能力

通过储蓄使自己富有。总是存上一部分收入,为了未来的经济状况和经济独立性而投资,至少每月攒下收入的10％。

现在你也许在想:"我赚得不够多。"

你赚多少不是最关键的,关键的是你要这么做。为了未来,现在在经济上节约一点。

进修深造

进修深造是生活中最关键的。你不可能得到你不了解的东西。你也无法谈论你从来没有听说过的事情。培训要比实际练习重要。学校教育比训练重要。

生活中适用下面的原则:

> 知道怎么做事情的人总是会得到一份工作。知道为什么做事情的人总是会成为老板。

在我的演讲中我用下面的方式来解释"学校教育比训练重要"这句话。我问听众:"都有谁的女儿还是青少年?"。

许多人举起手来。

我又问:"你想让你的女儿得到性训练还是性教育?"

所有人大笑。

在如今的社会中,几乎所有的人都根据这一原则生活:每个人都想保持一种状态,而不想改变。但是生活迫使我们进入另一种行为方式:

> 为了在未来收获更多,我们必须做更多改变。

你怎么能自动地改变"更多"或者干脆说"改善"?

通过CD、书籍、研究班、和懂得比你更多的人的生动交谈。

从摇篮到棺架……研讨会,研讨会!

——马丁·贝查特,瑞士成功教练

书永远都读不够,有声读物永远听不够。

对你自身要比在工作中更严厉!

我对你的要求:每天在你个人发展中投入半小时。每天半小时——每周七天——年=一百八十小时=超过一个月的时间。

> 当你下次无意识地打开电视机或者坐在车里几个小时却只是听音乐时,请你考虑,为了提高你的市场价值,你能做什么。

保持谦恭，因为生活中的一切都是相对的

每个人必须理解我们在时间的宇宙中只是沧海一粟。
　　　　　　　——克劳斯·拉赫曼，我在巴姆贝尔的一个球员的父亲

请你做终生的学习者，对新事物敞开胸怀，保持渴望收获但又谦虚的态度。我们都不像我们一直认为的那么重要，每个人都不是不可替代的。我可以被替换，你也是。

与永恒的时间相比，事情都不像我们希望的那么重要。

你认为某事是好或者不好，某事是不可能的，你成功或者失败？一切都是相对的……

一封女儿写给自己父母的信强调了"相对性"的概念。

亲爱的爸爸妈妈：

自从我到了寄宿学校，我疏忽了给你们写信这件事。我想把你们带到一个全新的位置，但是在你们开始读信之前，请你们拿把椅子。在坐下之前，请不要阅读！

好吗？

现在我过得还好。在到了这里不久后，宿舍发生了一次火灾，在我从宿舍窗子跳下后，我的颅骨骨折并伴有脑震荡，不过现在我已经基本痊愈了。我只住了两周院，现在视力已经正常。

幸好加油站的加油员目睹了宿舍着火和我从窗子跳下，他给消防队和医院打了电话，而且他也到医院看望了我——因为宿舍烧毁，我不知道该住哪里，他友善地建议我可以住在他家里。实际上那只是二楼的一个小房间，但它足够舒适。

他是个很好的年轻人，我们很相爱并打算结婚。我们还不知道那会是什么时候，但是应该很快了，这样人们不会看出我怀孕了。是的，爸爸妈妈，我怀孕了。我知道你们会有多高兴，你们快做祖父母了——我知道你们会爱这个孩子，让他得到像你们给我的一样的爱、照顾和关心。

我知道你们会敞开手臂接受我的男朋友。他人很好，尽管受到的教育程度不是很高，尽管他的肤色和宗教与我们的不同，这都一定不会影响到你们。

现在，我已经告诉你们了我的最新近况。其实我想告诉你们说宿舍根本没有着火，我也没有脑震荡和颅骨骨折，没有住院，没有怀孕，没有恋爱也没有男朋友。

但是我历史成绩为六分，化学五分，我只想你们能相对地看待这个成绩！

　　　　　　　　　　　　　　　　　　　　　你们的女儿乔安娜

每个结尾中都有一个新的开始。

——米盖尔·德·乌纳穆诺,西班牙哲学家、诗人、杂文家

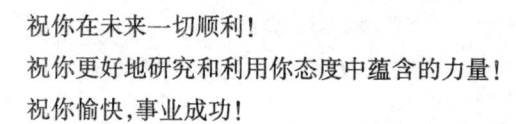

祝你在未来一切顺利!
祝你更好地研究和利用你态度中蕴含的力量!
祝你愉快,事业成功!

克里斯蒂安·毕绍夫